EXPOSITION UNIVERSELLE DE 1867
A PARIS

RAPPORTS DU JURY INTERNATIONAL

PUBLIÉS SOUS LA DIRECTION
DE M. MICHEL CHEVALIER

PRINCIPAUX INSTRUMENTS
ET TRAVAUX DIVERS
DE L'AGRICULTURE

PAR

M. AURÉLIANO

PARIS
IMPRIMERIE ET LIBRAIRIE ADMINISTRATIVES DE PAUL DUPONT
45, RUE DE GRENELLE-SAINT-HONORÉ, 45.

1867

PRINCIPAUX INSTRUMENTS ET TRAVAUX DIVERS DE L'AGRICULTURE

—

CHAPITRE I.

MOISSONNEUSES, FAUCHEUSES, FANEUSES ET RATEAUX.

—

§ 1. — Moissonneuses.

Parmi les grandes inventions agricoles de notre siècle, les machines à moissonner occupent une des places les plus importantes, par les services considérables qu'elles sont appelées à rendre à l'agriculture.

C'est à l'Amérique que l'on doit la moissonneuse. Dans un pays de grande culture, de terres fertiles, mais où les bras sont insuffisants, il était naturel que l'on songeât à un outil qui permît de récolter les céréales avec célérité et économie. C'est M. Mac Cormick qui inventa la première. Il s'occupait de cette question dès 1831, et, en 1851, on a vu, pour la première fois, figurer à l'Exposition de Londres un modèle de moissonneuse. La machine se composait d'une paire de cisailles qui coupaient le blé, et d'un volant qui ramenait les épis. Un homme debout sur la machine faisait la javelle à l'aide d'un râteau.

En 1855, à l'Exposition Universelle de Paris, M. Mac Cormick exposait sa machine considérablement améliorée ; les cisailles avaient été remplacées par une scie à grandes dents triangulaires, dont le mouvement rectiligne et alternatif se faisait dans l'épaisseur d'une sorte de râteau à dentures en forme de lance. Ce râteau servait de point d'appui aux épis et en facilitait la section.

Le javelage se faisait toujours à main d'homme. Plus tard M. Mac Cormick est arrivé à construire sa machine dans des conditions tout à fait pratiques.

La lourde charpente en bois sur laquelle la roue motrice était montée a complétement disparu ; elle a été remplacée par une charpente en fer beaucoup plus légère. Celle-ci a l'avantage de dégager toutes les pièces de la machine et d'en rendre, par conséquent, l'accès facile.

La charpente qui soutenait l'extrémité de l'arbre du volant, fort incommode dans les diverses manœuvres de la moissonneuse, a également disparu. Toutes ces modifications ont rendu la machine moins lourde, sans lui retirer cependant une adhérence suffisante avec le sol. Le râteau automatique a été aussi modifié dans sa marche ; il était, jusqu'ici, conduit par une grande courbe excentrique, dans laquelle se mouvait un galet qui communiquait avec les leviers reliant le râteau à l'arbre du volant, et lui transmettait leur impulsion. Ce mécanisme laissait à désirer par les frottements considérables dont il était la cause et par l'obligation d'un contre-poids pour le râteau.

Dans la nouvelle machine exposée, ce mécanisme défectueux a été supprimé ; il est remplacé par un arbre intermédiaire qui transmet, au moyen d'un engrenage, le mouvement circulaire continu à l'arbre du volant sur lequel est fixé un engrenage pareil.

Le mouvement circulaire horizontal du râteau est obtenu à l'aide de deux engrenages, ayant des interruptions de denture qui se correspondent, au moment où le râteau va opérer son mouvement horizontal circulaire pour faire la javelle. Telle qu'elle est construite aujourd'hui, la moissonneuse de M. Mac Cormick réunit toutes les qualités désirables, au point de vue de la stabilité, de la bonne qualité et de la célérité du travail. C'est elle qui, au concours de Vincennes, a le mieux fonctionné : elle a mis vingt-sept minutes pour couper 27 ares d'avoine; elle fait par conséquent un are par minute, soit 6 hectares par journée de dix heures de travail. Nous avons cru nécessaire de donner quelques détails sur l'origine des moissonneuses et, en particulier, sur celles de M. Mac Cormick; elle est, on peut le dire, le type d'après lequel toutes les autres ont été construites.

Il a été constaté, au concours de Vincennes, que presque toutes les machines essayées faisaient la javelle, les unes par des bras automateurs, les autres par des râteaux. Ceci est un grand progrès qui contribuera à faire adopter rapidement la machine dont nous parlons, à cause de l'économie considérable qu'elle procure. Toutes les machines se sont aussi fait remarquer par la réduction de leur poids et de leur volume.

En dehors de la moissonneuse Mac Cormick, nous croyons nécessaire de parler succinctement des principales moissonneuses qui ont fonctionné aux essais de Vincennes.

La machine Durand est munie d'un râteau javeleur, qui fait la javelle égale et la dispose régulièrement. Le conducteur peut, avec cette machine, donner aux javelles la grosseur qu'il désire : si la céréale est trop forte, il fait les javelles plus petites, et *vice versa*, sans avoir besoin d'arrêter les chevaux. La machine a fait un travail très-régulier, la paille était coupée assez courte, et la javelle était bien faite; sans arrêter la machine, le conducteur pouvait faire couper plus bas ou plus haut. Cette machine a mis trente-deux minutes pour couper 27 ares d'avoine, et ne s'est pas arrêtée un seul instant.

La moissonneuse Samuelson, d'une construction assez simple, fait la javelle par l'intermédiaire de râteaux, qui font une javelle pour chaque progression de la machine, d'environ $3^{m}50$;

si la récolte était trop épaisse, les râteaux pourraient être réglés de façon à faire une javelle pour une progression d'environ 1^{m}80. Le travail qu'elle a effectué à Vincennes était bon; la javelle avait assez de régularité, mais les épis étaient jetés d'une manière trop brusque, ce qui peut occasionner un égrenage considérable, quand la récolte est à un degré de maturité avancé. La moissonneuse Samuelson n'a mis que vingt-quatre minutes pour couper 27 ares, et, pendant ce laps de temps, elle s'est arrêtée une minute pour changer la scie.

Il existe des circonstances tout à fait locales, qui exigent une construction particulière de la machine à moissonner. Dans certains pays, l'instruction agricole est presque nulle, et les hommes capables de réparer cette machine manquent complétement. Le terrain est préparé d'une manière incomplète, les animaux de travail sont faibles; c'est là surtout que les moissonneuses peuvent difficilement se répandre. Tel est le cas de l'Espagne; l'instruction agricole y est assez rare, la terre est couverte de mottes volumineuses, le sol est mal nettoyé, les raies d'écoulement sont mal dirigées, les animaux de travail faibles. Un ensemble de circonstances si défavorables n'était pas de nature à déterminer la propagation des moissonneuses; il a donc fallu penser à construire une machine qui pût surmonter les difficultés que nous venons d'énumérer; tel est le but que se sont proposé MM. Pinaqui et Sarvy, constructeurs à Pampelune (Espagne), et qu'ils ont atteint jusqu'à un certain point. Leur machine à moissonner est très-légère; elle pèse 450 kilogrammes et peut par conséquent être tirée par un cheval ou un mulet. L'ensemble est bien compris et les tuyaux de fer creux employés à la construction du bâtis, de la limonière et des bras des palettes du volant assurent sa solidité. Cette machine coupe sur une longueur de 0^{m}80 ou 0^{m}85 et à une hauteur de 0^{m}12 à 0^{m}15. La faible largeur de la machine lui permet de pivoter très-facilement sur place et de pouvoir pénétrer dans les chemins les plus étroits. Pour ne pas allourdir la machine, il n'existe pas de siége pour le conducteur, qui conduit le cheval à pied. Aux expériences de Vincennes, cette moissonneuse a mis une heure pour couper 27 ares d'avoine, et elle ne s'est arrêtée qu'une minute pendant la marche, pour graisser. Un seul cheval d'une taille et d'une force moyennes la conduisait facilement; elle fait la javelle par l'intermédiaire d'un râteau et la paille était coupée très-haut. Ceci a peu d'importance en Espagne, où la paille n'a pas la même valeur que dans d'autres pays.

La seconde machine à un cheval qui ait fonctionné est celle de M. Peltier. Elle est très-légère ; son poids est de 370 kilogrammes ; la suspension du tablier lui permet de suivre toutes les inégalités du sol. Le travail qu'elle a fait était régulier; les chaumes étaient coupés plus bas que par la moissonneuse précédente, sur une largeur de 0m95. Si le constructeur arrive à faire faire la javelle par la machine et à économiser de cette manière l'emploi d'un homme, cette moissonneuse deviendra une des meilleures pour les exploitations moyennes.

§ 2. — Faucheuses.

L'importance toujours croissante de la culture des plantes fourragères a forcé un grand nombre d'agriculteurs à adopter les machines à faucher.

L'économie que ces machines peuvent apporter dans les prix de revient a été fort discutée; les expériences des concours et des essais en grand ont suffisamment démontré que la récolte du foin, par la machine, est plus économique que par la faux; mais la principale raison de l'adoption des faucheuses est la manière expéditive dont l'opération du fauchage s'effectue. Dans un grand nombre de localités, quelques heures de beau temps, au moment de la fenaison, sont très-précieuses, et une économie de temps peut sauver une récolte tout entière.

Le manque de bras a été, comme pour la moissonneuse, la cause de l'invention des machines à faucher; c'est en Amérique aussi que le perfectionnement de cette machine a fait les progrès les plus rapides. Les mêmes causes produisent les mêmes effets ailleurs; en Roumanie, les agriculteurs commencent à introduire, depuis quelques années, un grand nombre de faucheuses et, n'étaient les réparations qu'elles réclament, à l'instar de la plupart des autres machines perfectionnées, tous les fermiers en auraient certainement aujourd'hui.

Parmi les faucheuses qui ont fonctionné devant le Jury, à la ferme impériale de Fouilleuse, celle de M. Wood est la première qui ait terminé son lot sans arrêt; cette machine a mis une heure trente-six minutes pour faucher 66 ares de luzerne; elle occupe très-peu de place et sa scie se démonte avec la plus grande facilité; cette circonstance lui permet de passer dans les chemins les plus étroits. La machine est montée sur deux roues motrices cannelées extérieurement, afin de mordre la terre; mais, quand elle pivote, une seule roue reste motrice; ceci s'obtient par des dispositions des plus ingénieuses.

Un petit versoir couche l'herbe, afin que la scie la coupe plus aisément; enfin, les dents sont larges et ne touchent le sol que par un seul point, ce qui réduit beaucoup le frottement.

Le conducteur est assis sur un siége établi sur la machine, et, à l'aide d'un levier qu'il peut manœuvrer de la main droite, il élève ou il abaisse la scie pour couper l'herbe à différentes hauteurs.

Les succès obtenus par cette faucheuse dans trois essais faits devant le Jury, les services notoires qu'elle a rendus depuis longtemps à l'agriculture, tant en Amérique qu'en Europe, la font classer en première ligne parmi les machines de ce genre.

La faucheuse de M. Perry s'est placée comme mérite immédiatement après celle de Wood; elle a terminé son travail sans s'arrêter, quoique la luzerne ne fût pas dans les meilleures conditions pour être facilement coupée.

Parmi les autres faucheuses qui ont concouru, nous devons signaler encore celles de M. Mac Cormick, en Amérique, qui ont été placées au troisième rang, et celles de MM. Samuelson et Cie, en Angleterre.

§ 3. — Faneuses et râteaux.

Les premières machines à faner remontent à 1814; elles furent construites par Robert Salmon, de Woburn. Leur utilité est surtout incontestable dans les pays humides, où les cultivateurs doivent profiter de quelques heures de soleil pour mettre leurs foins en état d'être rentrés. Les essais faits par le Jury ont constaté que les meilleures faneuses sont, par ordre de mérite : celles de Nicholson, d'Howard, et d'Heylandt (Colmar). Elles sont trop connues pour qu'il soit utile d'en donner ici la description.

M. Nicholson occupe aussi le premier rang comme constructeur de râteaux à cheval; viennent ensuite MM. Howard, Ransomes, Ahsley et Peltier. Toutes ces machines sont d'un très-bon usage, et il serait à désirer que leur emploi devînt plus commun dans les campagnes.

Nous croyons pouvoir encore nous dispenser ici de toute description. Ces instruments sont connus, et ne présentent aucune innovation importante.

CHAPITRE II.

MACHINES A BATTRE ET APPAREILS DE NETTOYAGE POUR LES GRAINS.

§ 1. — Machines à battre à vapeur et à manége.

Les machines destinées à séparer les grains des épis et de la paille ont rendu depuis quelque temps des services immenses. Il y a, même dans les pays les plus avancés, un grand nombre de localités où la machine à battre n'a pas encore pénétré. Il faut cependant rendre cette justice aux constructeurs français qu'ils sont arrivés à établir des machines pour les plus petites exploitations.

Dans les pays dont l'agriculture est encore arriérée, relativement à l'agriculture anglaise, française et allemande, les machines à battre ont été introduites avant toutes les autres machines perfectionnées, vu l'excellence de leur travail et la grande économie qu'elles procurent incontestablement. Ainsi, en Roumanie, où la charrue primitive est encore d'un usage presque général, un grand nombre de machines à battre à vapeur ont été importées depuis quelques années ; l'expérience a été tellement favorable qu'il n'y a pas aujourd'hui de cultivateur exploitant une certaine étendue de terrain qui ne songe à s'en procurer une. Il y a même des entrepreneurs de battage qui parcourent les campagnes avec leurs locomobiles. Ceci nous prouve l'excellence de la batteuse, puisqu'elle est adoptée la première parmi les machines agricoles dans les pays qui entrent à peine dans la voie du progrès.

L'invention des batteuses ne date que de 1788 ; c'est l'Écossais André Meikle qui établit, sur une base toute nouvelle, la machine à battre. Avant lui, on avait fait un grand nombre d'essais : un fermier écossais avait même fait construire une machine à battre qui ne fut pas adoptée, parce qu'elle présentait, entre autres inconvénients, celui de briser presque tous les épis avant qu'ils fussent égrenés. Ce fut Meikle qui imagina les cylindres alimentaires, employés encore de nos jours, le batteur et le contre-batteur, et le nettoyage du blé par la machine même.

Une fois connue, la batteuse de Meikle se répandit en Écosse, en Angleterre et dans certains pays du continent. La Suède fut une des premières à adopter ces utiles machines, et on essaya de leur appliquer, comme moteur, la force du vent. Il paraît que cet essai fut infructueux, et on se contenta du manége. Depuis son invention, la machine à battre a été tellement perfectionnée et si bien adaptée aux différentes natures de céréales, en même temps qu'à l'importance des exploitations rurales, qu'elle est, on peut dire, presque arrivée à la perfection. Il y a un grand nombre de machines qui rendent le grain dans un état de propreté tel, qu'il peut être immédiatement livré au moulin.

Les machines à battre ont été avantageusement représentées à l'exposition de Billancourt. Le Jury s'est livré à des expériences sur lesquelles il a fondé son jugement dans la répartition des prix. Les batteuses récompensées sont connues du public agricole; nous n'en donnerons pas la description détaillée, mais nous résumerons leurs caractères spéciaux, en faisant ressortir les perfectionnements apportés dernièrement dans leur construction.

§ 2. — Machines à battre exigeant plus de 6 chevaux de force.

Ce sont ici les batteuses anglaises qui occupent la première place. Presque toutes lés machines exposées se distinguent par une construction très-soignée et par leur tendance à rendre le blé aussi propre que possible.

La machine à battre de MM. Ransomes et Sims est la première dans cette catégorie. Cette batteuse fut exposée pour la première fois en 1841; mais elle a été complétement transformée depuis cette époque. La charpente est massive, maïs arrangée de manière à ce que le mécanicien puisse voir tous les organes intérieurs et, par conséquent, se rendre compte immédiatement du moindre obstacle qui entraverait la régularité du travail. Pour éviter les dangers auxquels sont exposés les ouvriers qui alimentent la machine, on a installé tout autour de l'ouverture d'alimentation un appareil spécial dont les dispositions rendent presque impossible tout accident. Les batteurs du tambour ont une forme circulaire et sont construits en fer forgé ; quand ils sont usés, on peut, à deux reprises, en retournant la même pièce, avoir une nouvelle surface intacte. Cette disposition, en dispensant d'avoir à changer aussi souvent les batteurs, est un avantage à considérer dans les pays où les ateliers de construction ou de réparation sont rares. Le secoueur, fort simple, se compose de crochets en fil de fer courbés et attachés à de fortes pièces de bois mues par un mouvement rotatif qui nous paraît supérieur au mouvement de va-et-vient qu'on remarque dans d'autres machines.

Dernièrement, on a ajouté à cette batteuse un organe d'une grande importance pour les pays méridionaux; il s'agit de l'appareil à broyer et à hacher la paille pour le bétail. L'appareil consiste en deux cylindres superposés, mis en mouvement par une courroie en rapport avec l'axe du tambour. Le cylindre supérieur est garni de lames longues et tranchantes correspondant à un contre-batteur concave qui est également muni de lames; le cylindre inférieur est garni de dents carrées et émoussées. Le premier coupe la paille de la longueur voulue et le second la triture et l'attendrit.

La paille broyée sort avec une rapidité telle de la machine qu'il faudrait cinq ou six ouvriers pour la transporter à la meule; pour obvier à cette difficulté, on a muni la machine d'un *élévateur de paille*, consistant en un tuyau, au travers duquel est dirigé un courant d'air rapide, la paille est chassée par ce moyen à une distance d'environ 14 mètres et à une hauteur équivalente à celle d'une meule ordinaire. Ce tuyau étant mobile permet de changer à volonté sa direction.

Cet appareil broyeur est d'un grand avantage pour les pays chauds. La paille y est beaucoup plus coriace et serait difficilement mâchée par les animaux à l'état où elle sort des machines à battre ordinaires, ce qui n'arrivait pas avec la paille obtenue par le dépiquage. On était donc forcé de faire hacher la paille, dès qu'on voulait l'employer, et dans cet état même elle blessait toujours la bouche des animaux. Cet inconvénient empêchait un grand nombre de personnes d'adopter les batteuses, et c'est pour y remédier que M. Ransomes a inventé l'appareil broyeur dont l'efficacité est aujourd'hui reconnue par tous les agriculteurs du Midi qui ont eu occasion de l'apprécier. C'est cette batteuse qui a donné le résultat le plus parfait; le grain en sortait entier et bien nettoyé; il n'en restait aucun dans les balles ainsi que cela est arrivé pour d'autres machines. Enfin sa supériorité est encore incontestable au point de vue de la division du grain en différentes qualités.

La machine à battre exposée par la maison Clayton doit être aussi classée à bon droit parmi les meilleures, tant au point de vue de la construction qu'à celui du travail; elle mérite une mention toute spéciale. Le tambour batteur de cette machine est construit avec une grande perfection et peut être réglé pour battre sans difficulté toute espèce de grains, tels que orge, avoine, etc. Son secoueur est un des mieux combinés pour bien séparer la paille d'avec les grains qui peuvent y rester engagés.

La batteuse Marshall se distingue par cette particularité que tous ses organes sont renfermés dans le bâti ; cette disposition évite les accidents qui peuvent survenir dans les machines dont les organes sont extérieurs. L'ébarbeur d'orge est une pièce qu'on désirerait voir plus généralement employée ; il écarte les barbes d'orge avec une grande perfection et se compose simplement d'une caisse en fer perforée à l'intérieur et dans laquelle tournent des battes en fer. Le crible de cette batteuse sépare les grains en trois qualités différentes et se compose de fils en acier; la distance entre les fils, qui est petite à l'origine, s'agrandit graduellement jusqu'à l'extrémité par où sort le grain. Ce crible peut être ajusté sans arrêter la machine.

Les batteuses que nous devons encore signaler sont exposées par MM. Robey et Cie, Ruston Proctor et Cie, et Barrovs. Elles sont toutes bien construites et se rapprochent plus ou moins des types que nous venons de décrire.

§ 3. — Machines exigeant 6 chevaux de force et au-dessous.

Dans cette seconde catégorie, les constructeurs français occupent la première place ; cela tient surtout aux besoins de l'agriculture française qui comprend peu d'exploitations ayant besoin, pour le battage des grains, de machines d'une force considérable.

Parmi les machines essayées à Billancourt, la batteuse Gérard a été classée la première ; elle est trop connue pour avoir besoin d'être décrite, et, d'ailleurs, depuis les dernières Expositions, le constructeur n'y a pas apporté de modifications sensibles. Il est cependant utile de mentionner son système de batteur en fer perforé, dont la disposition est des plus avantageuses ; le travail effectué devant le Jury l'a prouvé, car les épis étaient très-bien battus et le grain restait intact.

Une batteuse sur laquelle nous appelons l'attention des agriculteurs est celle de M. Del Ferdinand ; son travail est excellent. Le batteur se compose de cinq croisillons en fonte, sur lesquels sont fixées seize battes horizontales en charme garni de cornières. Afin de diminuer le frottement, le batteur tourne sur des fusées à longues portées et d'un petit diamètre. Le contre-batteur, à lames hélicoïdales, est d'une seule pièce en fonte ; il enveloppe le batteur sur la moitié de sa circonférence et peut se régler à volonté. Les secoueurs, au nombre de six, sont grillés en lame de persiennes avec du fer feuillard ; ils sont mus par un arbre à vilebrequin. Le ventilateur donne un nettoyage suffisant ; il n'a qu'une seule grille pour éviter l'engorgement. Le battage se fait en dessus, et les épis sont battus obliquement. En somme, cette machine a donné d'excellents résultats.

§ 4. — Machines à battre à manége pour grandes exploitations, et ne brisant pas la paille.

Les machines à battre à manége, qui ont été les premières inventées, ont rendu et sont destinées à rendre d'importants services à l'agriculture en France. Le nombre des fermes qui peuvent utiliser une locomobile est relativement restreint, et dans un grand nombre de localités on n'a pas d'ouvriers capables de diriger une machine à vapeur; pour en avoir, il faudrait faire des dépenses qui augmenteraient, dans une proportion trop considérable, le prix de revient des récoltes. Quant aux petites exploitations, il n'y a pas à douter qu'elles n'aient toujours intérêt à se servir des petites machines à manége dans le genre de celle de M. Pinet.

La machine à battre à manége, exposée à Billancourt par M. Gautreau, est excellente pour les grandes exploitations. Elle est facilement transportable, car la machine et le manége sont réunis; cette circonstance facilite encore son installation dans un emplacement quelconque. Les principaux organes de cette machine tournent sur des pivots et des bagues en acier, qui diminuent les frottements d'une manière assez sensible. Le batteur de la machine est commandé directement par un engrenage à dentures en bois qui nous paraît réunir plusieurs avantages; il est si léger qu'il fonctionne sans opérer de tension sur les axes; il transmet exactement toute la vitesse fournie par les chevaux, au lieu d'en laisser perdre une partie comme le fait la courroie, surtout par les temps humides, car alors, la courroie glisse souvent et tombe en fonctionnant; ces inconvénients disparaissent avec les engrenages. Ce point est important, surtout si l'on remarque que cette machine est destinée à fonctionner souvent en plein air.

La machine de M. Gautreau bat la paille en travers et la conserve presque intacte, ce qui fait qu'elle est adoptée dans les départements de la Seine, de Seine-et-Oise et dans ceux où les fermiers ont intérêt à vendre la paille.

Comme construction, cette machine est légère et solidement établie; comme travail elle bat bien, elle vanne et met en sac; le grain n'est pas brisé et les épis sont bien battus.

§ 5. — Machine à battre à manége brisant la paille.

Dans cette catégorie, la machine de M. J. Pinet est la meilleure; simple, solide et économique, elle présente un ensemble de qualités qu'on ne rencontre pas communément dans toutes les machines agricoles. Son batteur est à battes plates, le contre-batteur se compose de deux arcs en fer cornier fixée contre les joues de la machine; il supporte en travers d'autres fers corniers dont les faces verticales percées de trous reçoivent de gros fils de fer formant une grille solide. Cette machine a soutenu son ancienne réputation; elle ne brisait pas le grain et vidait complétement les épis. Le même constructeur a exposé différents modèles de cette batteuse; les plus petits sont peut-être les meilleurs qu'on puisse trouver pour les petites exploitations.

La batteuse exposée par M. Maréchaux peut être démontée avec la plus grande facilité; toutes les pièces qui la composent sont indépendantes les unes des autres et assemblées par des boulons. Son contre-batteur est composé de barres mobiles et indépendantes à surfaces variées; cette disposition permet d'en augmenter ou d'en diminuer le nombre suivant la difficulté du dépiquage.

En remplaçant le batteur à blé par un batteur spécial, on peut égrener avec cette machine des graines fourragères; c'est une opération qui n'a pas été faite devant le Jury, mais dont l'auteur de la machine a démontré la possibilité.

La batteuse Barett a fonctionné avec assez de succès;

c'est aussi une excellente machine pour les petites exploitations.

§ 5. — Tarares, trieurs et cribleurs.

L'opération du nettoyage des graines est une des plus importantes pour l'agriculture et l'alimentation publique; aussi les appareils au moyen desquels on l'effectue sont-ils arrivés déjà à un degré voisin de la perfection. L'Exposition Universelle offrait une collection très-complète de tarares, trieurs et cribleurs.

Quoique les constructeurs aient introduit peu de modifications dans l'ensemble des machines à nettoyer le grain, ils ont fait beaucoup de progrès dans la construction des pièces de détail. Ces machines sont connues généralement. Nous consacrerons cependant quelques lignes au trieur-cribleur inventé par M. Josse. Cet appareil, qui se distingue autant par l'excellence de son travail que par sa construction ingénieuse, se compose d'une table sur laquelle sont disposés parallèlement une série de triangles laissant entre eux des passages de $0^{m}30$. Ces triangles à angles rentrants et saillants sont disposés de telle sorte que les angles des triangles du côté droit, par exemple, font face à l'un des côtés des triangles du côté gauche. Cette disposition est le principe essentiel de l'appareil, car c'est dans ces passages, disposés en zig-zag, que les graines et les autres matières sont soumises à un déplacement continuel. La table repose sur quatre galets, et son mouvement alternatif lui est donné par deux bielles, qui elles-mêmes reçoivent leur mouvement d'une transmission quelconque. Les galets sur lesquels repose la table sont fixés sur des barres mobiles qui se lèvent ou s'abaissent à volonté au moyen de vis, afin de donner à la table l'inclinaison nécessaire. Les barres mobiles sur lesquelles se trouvent les galets, et par conséquent la table, reposent sur un bâti qui supporte tout l'appareil et qui est fixé au sol.

Au-dessus et à l'extrémité supérieure de la table et faisant corps avec elle, se trouve un auget pour recevoir le grain. Cet auget est percé d'orifices servant à la distribution du grain dans chacune des cases de la table dans laquelle s'opère le criblage. Une grille placée au-dessus de cet auget sert d'émotteur pour arrêter au passage les grosses pierres ou autres corps étrangers.

Le système de trieur-cribleur de M. Josse est basé sur cette loi, que plus un corps est lourd, relativement à un autre, plus il a de tendance naturelle à gagner les régions inférieures dans un appareil soumis à une agitation quelconque. Les différentes matières mélangées se superposent alors les unes aux autres, en raison de leur poids spécifique.

Quand l'appareil commence à fonctionner, les grains tombés dans les premières cases reçoivent un mouvement de va-et-vient qui les projettent sans cesse d'un côté à l'autre. Ce mouvement alternatif produit un premier travail qui, sans séparer complétement les pierres du blé, fait que le grain occupe la partie supérieure de la masse, tandis que les pierres tendent toujours à en occuper le fond.

En vertu de l'inclinaison donnée à la table, les grains qui se trouvent dans les cases supérieures et déjà en mouvement, descendent dans les cases suivantes tout en se divisant de plus en plus de deux couches distinctes, l'une supérieure formée par le blé, l'autre inférieure composée de pierres.

Quand les matières, grains ou pierres, arrivent dans les cases où commence l'inclinaison de la table, elles continuent à recevoir la secousse due au mouvement alternatif de la table ; elles viennent se heurter sur des plans inclinés qui les rejettent en sens contraire de la pente donnée à la table, et cela en vertu du principe, en vertu duquel, lorsqu'un corps remonte une surface inclinée, par rapport à la direction de son mouvement, il est renvoyé suivant une autre direction qui fait avec la surface un angle d'incidence égal à l'angle de réflexion. Ainsi chaque corps soumis à l'action de l'appareil subit l'influence de deux forces : l'une tendant à leur faire remonter le plan incliné est due à la réflexion, l'autre au contraire tendant à les faire descendre est due à l'action de la pesanteur. Or, pour les graines qui occupent la couche supérieure, l'effet de la réflexion sur les plans inclinés, très-sensible en raison de la liberté qu'ils ont de se mouvoir, l'emporte sur l'action de la pesanteur, tandis que pour les couches inférieures, qui ne possèdent pas cette même liberté de se mouvoir, à cause de la charge qu'elles ont à supporter, c'est l'action de la pesanteur qui l'emporte sur l'action de la réflexion : de là, la séparation des deux corps, l'un plus lourd, les pierres, sortant par une ouverture ménagée à la partie inférieure de la table, et l'autre plus léger, le grain, sortant par une autre ouverture ménagée à la partie supérieure de l'appareil.

Les expériences opérées devant le Jury avec du blé mêlé d'une grande quantité de pierres ont complétement réussi : toutes les pierres ont été séparées, et le blé est sorti épierré par la partie supérieure de l'appareil. Le Jury a vu le même appareil fonctionnant à la boulangerie centrale avec beaucoup de succès.

C'est là un service notable rendu surtout à la meunerie. Tous les blés contiennent plus ou moins de petites pierres, qui usent rapidement les meules, nuisent à la qualité de la farine et forcent les meuniers à employer une foule de précautions pour les séparer.

M. Jasse a construit aussi un trieur-cribleur à main, destiné aux fermes, et qui remplace avantageusement le crible; il est construit d'après le même principe que le précédent. Le blé qu'on passe à travers cet instrument est rendu complétement marchand.

Nous avons cru nécessaire d'insister sur l'appareil de M. Josse, parce que nous sommes convaincus qu'il rendra de grands services, et parce qu'il présente un principe nouveau parfaitement appliqué.

Qu'il nous soit permis d'attirer un instant l'attention sur un trieur qui mériterait d'être plus connu ; nous voulons parler du trieur de M. Marot. L'instrument existe depuis 1858, mais il a subi des modifications importantes depuis cette époque. Ce trieur, qui est une combinaison excellente du cylindre Pernolet et du trieur Vachon, nettoie parfaitement les grains et les divise en quatre qualités : graines rondes pures, blé de semence, blé marchand, et enfin mélange d'orge, d'avoine, de gousses, etc., qui peuvent se rencontrer dans les blés. Des alvéoles disposées à l'intérieur des cylindres font ces différents triages.

Le trieur de M. Vachon, qui a rendu et rend encore des services à l'agriculture, a soutenu avantageusement la réputation dont il jouit à juste titre. Dans les machines qui ont pour but le nettoyage des grains, nous devons mentionner particulièrement les appareils installés par M. Frère et qui sont destinés à épurer l'avoine et la graine de foin.

§ 7. — Égréneuses de trèfle, luzerne, maïs et décortiqueurs.

L'importance qu'ont aujourd'hui les prairies artificielles fait que les égréneuses de trèfle et de luzerne sont des machines de la plus grande utilité.

Grâce surtout à l'esprit ingénieux des constructeurs français, on est arrivé à établir des machines pratiques. Il reste sans doute encore à faire pour les perfectionner ; il faudrait simplifier leur mécanisme et les rendre ainsi accessibles aux petits cultivateurs eux-mêmes. Les meilleures machines sont encore trop chères et demandent trop de force motrice.

Parmi les égréneuses exposées, il y en a qui battent la graine sans la nettoyer, d'autres qui la rendent propre à être vendue aux cultivateurs. Parmi ces dernières, il faut citer l'égréneuse de M. Fusellier, constructeur à Saumur. Le volume de cette machine et son poids ne sont pas considérables; le batteur se compose de lames de fer vissées sur un cylindre en bois et à demi superposées; ces lames sont inclinées de 0m15 sur l'axe du batteur, et ont 0m013 d'épaisseur. Le contre-batteur demi-cylindrique est composé de lames cannelées ; ces cannelures sont dirigées suivant les génératrices du cylindre. A l'aide de vis de rappel, le contre-batteur peut être rapproché ou éloigné du batteur suivant la nature des graines.

La luzerne ou le trèfle jeté dans la trémie de la machine est saisi par un arbre armé de petites dents rondes qui obligent la masse à passer sous le batteur et de là sur un crible. La graine soumise à l'action d'un ventilateur tombe sur un crible émotteur, et est ressaisie par une chaîne à godets qui la déverse à son tour dans un nettoyeur-diviseur, d'où elle sort partagée en trois qualités différentes.

Avec une force motrice de 2 ou 3 chevaux, cette machine produit de 75 à 100 kilogrammes de graine à l'heure.

Le même constructeur fabrique une petite égréneuse plus simple, qui ne nettoie pas la graine, et une autre à bras qui peut rendre 6 kilogrammes de graine à l'heure.

Une autre égréneuse a été exposée par M. Chenel, constructeur à Nantes; elle égrène, mais ne vanne pas. Elle nécessite une force de 2 ou 3 chevaux et peut battre 30 hectolitres de têtes de trèfle à l'heure, soit un hectolitre de graine non nettoyée.

M. Vinet a exposé une égréneuse dont le principal mérite est le bon marché. On peut acheter le batteur et le contre-batteur de cette égréneuse, et les adapter à la machine à battre du même constructeur. Cette machine exige 2 chevaux de force, et produit de 150 à 400 kilogrammes de graine par jour.

L'égréneuse de Hunt, présentée par M. Pilter, s'est distinguée par la perfection de son travail. Elle égrène 75 litres de trèfle et 150 à 190 litres de luzerne à l'heure. Ses organes principaux consistent en un tambour de forme conique qui tourne avec une grande vitesse dans l'intérieur d'un contre-batteur. La graine traverse le batteur conique en pénétrant par l'orifice le plus large, et elle se trouve décortiquée quand elle ressort par l'orifice le plus étroit. Le tambour se règle par une vis de rappel, ajustée à un palier à coulisses selon la grosseur de la graine. La machine peut être mue à bras d'homme, par un manége et même par la vapeur.

Parmi les égréneurs de maïs, nous citerons d'abord celui de M. Giaccomelli, d'Italie, qu'on fait fonctionner à l'aide d'un moteur : c'est l'égréneur de la grande culture et le mieux construit de ceux qui ont été exposés. Vient ensuite celui de M. Carolis, de Toulouse : c'est une des machines les plus utiles qu'on puisse introduire dans les petites cultures de maïs.

Il faut enfin citer les égréneurs construits par M. Peltier, et ceux exposés par l'École d'arts d'Iany et l'École d'agriculture de Panteleimon (Roumanie). Il est regrettable que les constructeurs américains, qui sont les premiers inventeurs de ces appareils, n'aient pas exposé une série de ces utiles machines.

La culture du riz est, sur la moitié de la terre, la base de l'alimentation. Une fois récoltée, cette plante est soumise à plusieurs opérations avant d'être livrée à la consommation. Les grains, après le battage, sont enveloppés de glumelles, et, dans cet état, le riz doit être décortiqué.

Les appareils employés jusqu'à ce jour pour effectuer l'opération si importante du décortiquage étaient très-imparfaits. C'est pour suppléer à cette lacune que M. E. Ganneron a combiné, depuis des années, une série d'appareils très-simples, qui ont déjà rendu des services signalés. En dernier lieu il est arrivé à remplacer tous ces appareils par une machine unique qu'il a fait fonctionner à Billancourt. Le riz a été très-bien décortiqué sans qu'aucun grain fût brisé.

Cet appareil, d'autant plus intéressant qu'il est très-simple, se compose d'une trémie supérieure qui renferme le riz ; d'un bâti supportant deux paires de cylindres superposés, entre lesquels passe le grain, et, enfin, d'un ventilateur qui fait disparaître les balles au moment où elles sont détachées du riz, immédiatement après leur passage entre chaque paire de cylindres. Une disposition spéciale permet d'éloigner les cylindres en agissant sur leurs axes, dans le cas où on s'apercevrait que le grain sortant de la machine est brisé ; on rapproche les cylindres dans le cas contraire, c'est-à-dire quand le grain sort non décortiqué. C'est une machine qui a un grand avenir au point de vue de l'agriculture coloniale.

§ 8. — Petits moulins.

Il est souvent avantageux aux modestes exploitations agricoles et à diverses communautés de posséder de petits moulins à bras qu'il est facile de mettre en mouvement par un système de manége. Il y en avait à l'Exposition quelques modèles. L'un des plus ingénieux et des plus utiles est le petit moulin de M. Mercier (Théophile), qui, outre qu'il donne un rendement convenable, fournit de la farine fraîche, c'est-à-dire moins échauffée que d'habitude, et économise toute celle qui se convertit en pâte dans les archures des meules ordinaires. L'inventeur, qui n'a eu d'autre ambition que de perfectionner un moulin assez connu dans le Nord-Est, le moulin Bouchon, a aéré le jeu de ses meules et ingénieusement assuré leur parallélisme, ce qui les fait durer plus longtemps sans rhabillage. Il vise à appliquer son système aux grandes meules.

CHAPITRE III.

INSTRUMENTS POUR LA PRÉPARATION DE LA NOURRITURE DES ANIMAUX.

§ 1. — Coupe-racines.

Ces appareils sont aujourd'hui indispensables, tant pour les industries agricoles que pour la préparation de la nourriture du bétail.

Naguère ces instruments n'étaient pas abordables pour les petits cultivateurs, à cause de leur prix trop élevé; des constructeurs intelligents sont arrivés à en livrer aujourd'hui depuis 40 francs.

Le nombre des exposants qui ont pris part au concours de coupe-racines qui a eu lieu, à plusieurs reprises, à Billancourt, a été considérable. Nous croyons utile de consigner ici les appareils qui se sont le plus distingués.

Suivant la force qu'ils demandent, les coupe-racines peuvent être classés en trois catégories : 1° Les coupe-racines à moteur; 2° les coupe-racines à moteur et à bras, ou mixtes; et 3° les coupe-racines à bras.

Parmi les appareils compris dans la première catégorie, on doit citer, en premier lieu, la râpe et le coupe-racines si connus de M. Champennois.

La râpe à féculerie de M. Champennois se compose, comme les autres, d'un tambour cylindrique garni de lames d'acier dentées en scie; mais elle en diffère par la disposition des lames; ici la denture fait saillie à l'intérieur dans la cavité de la surface. En outre, le tambour, au lieu d'être mobile, est fixé sur un fond immobile qui fait partie du bâti. Une palette fourchue, en tournant, entraîne dans sa rotation les racines qui sont appliquées contre la surface râpante par la force centrifuge. On voit que le système de M. Champennois est l'inverse des autres systèmes. Ces modifications radicales introduites par M. Champennois dans la construction des râpes, donnent pour résultat une pulpe parfaitement régulière, ce qui n'arrive pas dans les râpes ordinaires.

Le coupe-racines de M. Champennois est construit sur le même principe ; les rubans de betteraves ont, au sortir de cet instrument, une épaisseur toujours égale, et c'est une qualité à laquelle les distillateurs tiennent avec beaucoup de raison, parce que la macération est plus complète et, par suite, le rendement plus considérable.

Le coupe-racines Picksley à triple effet est bien combiné ; il est disposé en trois compartiments qui permettent de couper les racines en grosses et en petites tranches et en cossettes. La partie coupante est un disque ou plateau conique ; les racines y arrivent par des plans inclinés bien disposés pour que les racines glissent facilement.

Le dépulpeur Benthal est peut-être le meilleur de tous ; ses dents, en forme de crochets, peuvent être remplacées facilement ; des coins en bois les fixent sur le tambour. Une vis nettoie les dents et les empêche de se charger.

Parmi les coupe-racines de la seconde catégorie, celui exposé par M. Benthal, système Gartner, paraît le meilleur. Les coupe-racines Peltier et Pinet sont aussi fort bons.

Les coupe-racines à bras, si importants pour les petites et les moyennes cultures, ont été avantageusement représentés au concours de Billancourt. Celui de M. Pernollet se distingue des autres par la disposition de ses lames ; chaque dent est entièrement séparée ; elle est fixée isolément par des vis dans une rainure qui a juste sa largeur ; il résulte de cette disposition que, si un accident quelconque casse une des dents, on peut la remplacer immédiatement, ce qu'on ne saurait faire avec autant de facilité dans les coupe-racines à lames entières ou unies.

M. Paulvé-Millot a exposé une collection de coupe-racines fort remarquable par sa variété et par la modicité des prix. Les plus petits modèles peuvent être livrés au prix de 40 francs. Parmi ces coupe-racines, il y en a un à double effet qui a deux séries de lames, les unes à dents et les autres unies. On tourne la manivelle dans un sens ou dans un autre, suivant la forme des tranches qu'on veut obtenir : les lames à dents coupent les racines pour le petit bétail, les lames unies pour le gros bétail.

Les coupe-racines Bental, Valck-Virey et Peltier ont fonctionné d'une manière satisfaisante. Leur construction n'a rien de particulier.

Un instrument qui mérite d'attirer l'attention des cultivateurs est le dépulpeur Biddel, construit par M. Ransomes. La disposition des dents est la même que dans le dépulpeur Bental, mais il a l'avantage d'être muni, à sa partie inférieure, d'une brosse qui débarrasse les dents des morceaux de racines qui s'y arrêtent.

§ 2. — Machines à presser le foin.

Les presse-fourrage ont une utilité incontestable ; elles sont appelées à rendre de grands services, surtout avec l'amélioration des voies de communication. Elles faciliteront le commerce des fourrages en permettant de diminuer considérablement le volume du foin, ce qui rend le chargement facile, soit en wagon, soit en bateau. La pression des fourrages est encore utile au point de vue de leur conservation, car il est certain que le foin sec bien pressé se conserve mieux.

On n'a eu à examiner qu'une seule machine de cette espèce, celle imaginée par M. Leduc. Cette presse-fourrage est disposée pour obtenir des bottes de 25 à 30 kilogrammes ; chaque botte est divisée elle-même par partie de 5 kilogrammes environ. Les bottes sont liées avec de la ficelle ou du fil de fer. Les liens peuvent servir plusieurs fois. Les expériences faites devant le Jury ont démontré que cette machine est susceptible de réduire le foin au quart de son volume ordinaire.

CHAPITRE III.

APPAREILS POUR LA PRÉPARATION DES PRODUITS AGRICOLES.

§ 1. — Tilleuses de chanvre et de lin.

L'opération du tillage en dehors de son importance industrielle en a une autre comme travail d'intérieur de ferme. Dans le plus grand nombre des pays où l'on cultive les plantes textiles, on exécute sur les lieux mêmes le tillage. Les petits cultivateurs qui s'occupent le plus de ces cultures emploient pour tiller l'appareil primitif usité dans presque tous les pays de l'Europe; les machines perfectionnées ne sont introduites que dans les manufactures et chez un certain nombre d'agriculteurs qui ont les moyens de les acheter; il est donc à désirer que les machines perfectionnées puissent par leur simplification arriver à être livrées à des prix plus réduits.

Parmi les tilleuses de chanvre exposées à Billancourt et essayées devant le Jury, celle qui a été inventée et construite par M. Sitger, constructeur au Mans, a obtenu une récompense méritée ; c'est une des moins chères, et sa construction est bien combinée. Elle se compose de trois bâtis en fonte reliés par des entretoises ; ces bâtis supportent cinq arbres horizontaux dont deux sont ceux des cylindres cannelés en fonte qui broient le chanvre, deux sont les axes de deux cylindres à lames appelés cylindres tilleurs, et dont le dernier est destiné à transmettre le mouvement à l'un des premiers arbres des cylindres cannelés broyeurs, ce mouvement est transmis au moyen d'un embrayage à vitesse différentielle par l'intermédiaire de deux poulies folles. Un manche à la portée de l'ouvrier qui introduit le chanvre lui permet d'embrayer ou de débrayer avec la plus grande facilité et d'une manière instantanée.

La marche de la machine est très-simple; à mesure que le chanvre passe dans les cylindres cannelés qui servent à briser la chenevotte, il est saisi par les cylindres tilleurs tournant en sens contraire avec une très-grande vitesse. Ces cylindres sont destinés à enlever la chenevotte ; ils font la même besogne que fait l'ouvrier, lorsque, tenant le chanvre de la main gauche, il le fait glisser rapidement entre les deux parties légèrement inclinées de la braye ordinaire. Le chanvre est passé d'abord jusqu'au trois quarts environ de sa longueur dans un sens, en présentant la tête la première. A ce moment, l'ouvrier, au moyen du levier qui commande le manchon d'embrayage, change brusquement le sens de rotation des cylindres cannelés, ce qui lui permet de retirer la poignée de chanvre dont les cylindres à lames qui continuent à tourner rapidement dans le même sens, achèvent énergiquement le nettoyage. Ensuite l'ouvrier rend aux cylindres cannelés leur premier mouvement et recommence l'opération en présentant la racine du chanvre.

Ce travail a été fait de la manière la plus satisfaisante et la plus expéditive. La force exigée par cette machine est de deux chevaux au plus. Elle peut broyer par heure au moins 75 kilogrammes de chanvre brut, donnant environ 15 kilogrammes de chanvre broyé, avec deux hommes pour alimenter la machine et un homme pour apporter le chanvre et activer les chevaux.

Comme travail, cette machine donne le chanvre plus complétement nettoyé et mieux préparé que ne l'est généralement le chanvre à la main ; le rendement est d'ailleurs plus élevé. Une seconde tilleuse, moins simple et d'un prix plus élevé que la précédente, est celle de M. Pinet. Ses cylindres sont à dents et ont un mouvement de va-et-vient. Le chanvre broyé par les cylindres sort de l'autre côté de la tilleuse, ensuite on le passe dans une autre machine pour être nettoyé. Cette tilleuse fait de 20 à 25 kilogrammes de filasse par heure, avec une force de deux chevaux. Si les chanvres sont trop rouis, on règle la machine de manière à ce qu'elle travaille plus lentement. Il est à craindre que le mouvement de va-et-vient des cylindres broyeurs n'ait une tendance à briser les filaments et à détruire leur parallélisme.

La tilleuse de M. Pareidt, de Bergues, à palettes doubles, exécute bien le travail. Sur le même axe on peut mettre plusieurs roues à palettes et augmenter ainsi la somme du travail effectué. Cette machine a besoin d'un cheval-vapeur de force. Le chanvre, avant de passer dans la tilleuse, doit être broyé par une autre machine. D'après les expériences elle tille de 20 à 40 kilogrammes en dix heures de travail ; elle épargnerait de la sorte six ouvriers ; si l'ouvrier tilleur n'était pas habile, il serait fort à craindre que le fil ne fût endommagé.

§ 2. — Barattes.

Jusqu'ici, les barattes perfectionnées étaient d'une construction très-compliquée et d'un prix trop élevé ; il était donné à l'Exposition Universelle de 1867 de présenter pour cet objet comme pour tant d'autres des perfectionnements considérables. La *baratte atmosphérique* de M. Clifton est un véritable progrès ; prenant pour modèle la baratte primitive cylindrique et à piston, il n'a fait qu'y adjoindre l'action atmosphérique, et cela de la manière la plus simple. L'instrument se compose d'un cylindre en tôle dans lequel on fait agir, absolument comme dans les barattes primitives, un piston attaché à la partie inférieure d'un manche creux, et dont la partie supérieure est fermée par une soupape en caoutchouc. Lorsque le piston est soulevé, un vide partiel se fait en dessous de la surface de la crème ou du lait dont on désire extraire le beurre, et, naturellement, l'air se précipite à travers l'axe creux avec une force égale à la pression atmosphérique. Lorsqu'on fait redescendre le piston, la valvule supérieure du tube se referme, et l'air contenu en dessous est rapidement chassé à travers toute la masse liquide. Par cette agitation générale et continue, il s'opère un battage des plus actifs qui force les molécules graisseuses à se dilater et à s'ouvrir de façon à laisser échapper rapidement le beurre qu'elles contiennent. Aux expériences de Billancourt, on a essayé cette baratte avec 5 litres de lait ; après huit minutes le beurre était extrait. Le lait de battage était très-bon. Le beurre fut lavé très-facilement dans la baratte même. La température était de 18° centigrades. Par sa simplicité, la baratte atmosphérique peut être livrée à très-bon marché.

Une baratte exposée par l'abbé Perdrigeon a extrait le beurre de deux litres de lait en fort peu de temps, trois minutes environ. Elle est facile à nettoyer, et le maniement en est très-aisé. Ce qui la distingue des autres barattes, c'est un réservoir connu sous le nom de *compensateur*, placé au niveau du liquide à battre. Ce compensateur rempli d'eau chaude en hiver et d'eau froide en été, ramène le liquide à la température nécessaire pour l'extraction rapide du beurre.

On a encore essayé à Billancourt la *baratte polyédrique* de M. Fouju. C'est une des plus répandues. Elle est fabriquée en peuplier de Hollande, qui ne donne aucun mauvais goût au beurre. L'essai a été fait avec 3 litres de lait crème ; après sept minutes, le beurre était fait. Le beurre est lavé dans la baratte même.

Dans la même catégorie d'appareils, le Jury a remarqué la crémoire, de M. Fronteau, destinée au crémage du lait. Cet appareil permet aussi de donner au lait ou à la crème une température variable suivant la saison.

§ 3. — Fourneaux et appareils propres à la cuisson.

Les appareils de cette nature sont à la fois utiles dans les fermes, au ménage du fermier et à l'alimentation du bétail ; aussi, nous faisons-nous un devoir d'attirer l'attention sur une des plus complètes collections de ce genre exposées à Billancourt, par M. C. Jusseaume. Ces appareils sont construits de manière à économiser le plus possible le combustible. La collection se composait d'un certain nombre d'appareils de lessivage à une et deux cuves, d'appareils pour la cuisson des racines destinées au bétail, de fourneaux pour fermes et autres habitations.

L'appareil de lessivage à deux cuves peut contenir de 1,000 à 3,000 litres par cuve ; il comprend un bouilleur tubulaire en cuivre, présentant une surface de chauffe considérable ; il est muni de deux bras d'arrosement et de deux tubes destinés à opérer le retour de la lessive des cuves au bouilleur. Le feu ayant été allumé dans le foyer, l'ébullition se produit rapidement. La lessive, après avoir arrosé le linge, revient au bouilleur pour se réchauffer et remonter ensuite. Six heures suffisent pour un lessivage complet.

L'appareil pour la cuisson des racines comprend, une chaudière avec retour de flammes ; une cuve surmontant la chaudière, le tout est installé sur un bâti en fonte, et bascule facilement afin de vider d'un seul coup le contenu de la cuve. Une grille fait le fond de cette cuve et donne passage à la vapeur qui se dégage de la chaudière pour traverser les couches de légumes. Cet appareil pourrait servir, en cas de nécessité, pour le lessivage à la vapeur.

Les fourneaux de cuisine pour fermes sont en tôle, et le foyer est en fonte à un seul feu ; il comprend tout ce qui est nécessaire pour cuire les aliments et avoir de l'eau chaude. La chaudière d'un de ces fourneaux peut, au moyen de tubes, procurer de l'eau aux étages supérieurs.

Une baignoire-calorifère nous paraît combinée de la manière la plus avantageuse : elle est en zinc ; le calorifère pour le chauffage du bain et du linge est en cuivre étamé, à tubes présentant une grande surface de chauffe. Un bain peut être chauffé en quarante-cinq minutes avec une dépense minime. Cette disposition est préférable aux cylindres qu'on emploie généralement.

L'appareil à cuire les légumes, de **M.** Pellin, mérite aussi d'être signalé. C'est un générateur cuiseur, établi suivant les règles de toute chaudière à vapeur; seulement il est à basse pression, parce que la vapeur saturée atteint mieux le but que la vapeur à haute pression. Du reste, dans les fermes où il y a de la vapeur, on se sert à cet effet de l'échappement de vapeur de la locomobile ou autre générateur.

Le générateur Peltier est portatif ; il est établi en retour de flamme, et, par conséquent, sa surface de chauffe est très-grande. La chaudière est timbrée à deux atmosphères, elle porte deux soupapes pour éviter tout accident, un manomètre, des tubes pour indiquer le niveau d'eau, un échappement de vapeur qui se fait dans le récipient d'eau alimentaire et un robinet pour puiser de l'eau chaude. On peut utiliser la vapeur quand on ne cuit pas, en l'envoyant par des tubes dans une laiterie pour la chauffer ; dans une serre, où elle se condenserait dans des tuyaux faisant un ou deux tours, etc. Comme cuves, on peut employer les premières venues, et si on les désire à bascule, le même constructeur possède des tourillons qui permettent le renversement, sans que l'on démonte les tuyaux qui y correspondent. Le foyer est assez grand pour qu'on puisse employer comme combustible les substances les plus encombrantes, les tiges de plantes, mauvaises herbes, etc.

Le système tubulaire du même constructeur, pour chauffer l'eau par la chaleur qui s'échappe des fumiers en fermentation, mérite une mention spéciale ; c'est un moyen pratique et très-économique d'avoir de l'eau chaude en utilisant la chaleur que produit la fermentation du fumier. L'appareil exposé, d'un diamètre de $1^{m}10$ et d'une longueur de $1^{m}20$, se compose de six tubes de cuivre rouge, reliés et assemblés au moyen de cinq entretoises espacées de $0^{m}10$; ils communiquent entre eux à chaque extrémité au moyen de cinq tubes courbes de

25 millimètres de diamètre ; à l'un des bouts se visse un tube vertical avec entonnoir pour l'entrée de l'eau ; à l'autre, se trouve aussi un tube vertical, ayant à l'extrémité un robinet servant de prise d'eau chaude. A l'extrémité du gros tube par où doit sortir l'eau chaude, se trouve une tubulure pour servir d'échappement d'air afin de permettre à l'eau d'entrer. On établit une petite fosse à fumier dépassant en tous sens de 0^m25 à 0^m35 l'appareil ; sa profondeur est indéterminée, pourvu qu'il y ait une couche première de fumier de 0^m40 à 0^m60 d'épaisseur sur laquelle on pose l'appareil : on a soin de l'incliner de la sortie à l'entrée de l'eau de 0^m20 pour 100 ; au-dessus, on pose une seconde couche de fumier de 0^m25 à 0^m30 au moins D'après les essais qui ont eu lieu, il suffit de huit heures pour obtenir de l'eau chaude qui atteigne 60 degrés ; le tas de fumier peut servir un mois sans renouvellement. Le spécimen exposé à Billancourt avait une capacité de 55 litres. Il y a dans cet appareil une idée utile qui permettra aux cultivateurs d'utiliser la chaleur de leur fumier. Établi dans les grandes fermes, il procurera à peu de frais de l'eau chaude pour les besoins si nombreux de la laiterie, de la cuisine, etc.

CHAPITRE IV.

MACHINES ET APPAREILS POUR DIVERSES PRÉPARATIONS DU BOIS.

—

§ 1. — Machines à écorcer le bois.

L'écorcement du bois se fait généralement, soit pour retirer l'écorce que réclame l'industrie en général et notamment la tannerie et la corderie, soit comme moyen d'augmenter la dureté des bois de construction. Dans les deux cas, c'est une opération qui donne naissance à une industrie assez lucrative dans les pays boisés.

Pour écorcer les bois, on procède presque partout à la façon primitive, qui consiste à faire des incisions circulaires sur le tronc de l'arbre et à détacher ensuite l'écorce à l'aide d'une spatule. Tantôt on écorce les arbres sur pied, tantôt on les abat préalablement. Quelle que soit la manière de procéder, elle est médiocre, et il serait avantageux, pour les grandes exploitations, d'avoir des appareils mécaniques pour faire cette opération. C'est pour satisfaire à ce besoin de l'industrie forestière que M. Maître a inventé des machines spéciales.

La vapeur est l'agent employé par M. Maître pour écorcer le bois. L'appareil primitif se composait d'un cylindre vertical en tôle, divisé en deux compartiments, dont l'inférieur formait le foyer, et le supérieur la chaudière. Le couvercle du cylindre était percé de deux trous auxquels étaient adaptés deux tubes en tôle par lesquels la vapeur arrivait alternativement dans deux tonneaux où l'on plaçait le bois à écorcer. L'écorce ainsi soumise à l'action de la vapeur se détachait très-facilement. L'appareil qui a fonctionné à Billancourt est plus complet et son travail plus énergique. Le foyer est disposé avec retour de flamme ; au-dessus de la chaudière est établie une caisse en bois garnie de tôle et divisée en deux compartiments dont chacun peut contenir un demi-stère de bois. La caisse est séparée du récipient par un châssis avec liteaux.

Afin de pouvoir faire fonctionner en cas de nécessité un seul compartiment, on a ménagé, à la partie inférieure de la caisse, un registre en tôle galvanisée, avec emmanchement d'une tige en fer, qui permet d'ouvrir ou d'intercepter alternativement toute communication de la vapeur entre la chaudière et l'un ou l'autre compartiment. Un double cylindre emboîtant la cheminée reçoit l'eau destinée à l'alimentation ; cette eau est chauffée par la chaleur de la fumée et des gaz qui sortent par la cheminée ; elle se déverse dans la chaudière par un robinet d'une manière continue, et elle est renouvelée d'heure en heure à l'aide d'une pompe. D'après les expériences faites, la première charge dure de trente à trente-cinq minutes ; les suivantes se font en vingt-cinq à trente minutes. Afin de montrer qu'on peut employer la vapeur de n'importe quel générateur pour l'écorcement du bois, M. Maître a fait fonctionner une locomobile de 8 chevaux. Pour l'approprier à l'écorcement des bois, on a ouvert trois prises de vapeur auxquelles s'adaptent six tuyaux destinés à introduire la vapeur dans des récipients quelconques.

D'un côté de la locomobile on a installé une caisse en bois garnie de tôle, à deux compartiments d'un demi-stère chacun.

De l'autre côté de la chaudière, on a placé une autre caisse en bois garnie de tôle, ayant 4m20 de longueur, sur 0m50 de hauteur et 0m60 de largeur ; on l'a remplie de perches ayant la même longueur, frêne, tilleul, chêne et châtaignier ; on y a introduit un jet de vapeur par un tuyau de 20 millimètres, et après dix-sept minutes, les perches s'écorçaient avec la plus grande facilité. Le travail de l'écorcement se fait par des hommes et par des femmes ; trois ouvriers peuvent écorcer en quinze minutes le bois renfermé dans une des caisses. Les expériences faites devant le Jury ont été très-satisfaisantes : quoique les perches et les bûches à écorcer fussent coupées depuis longtemps, l'écorcement s'est fait très-rapidement. Il en résulte qu'avec ce système on peut écorcer le bois coupé hors du temps de la séve et longtemps après la coupe, ce qu'on ne pourrait pas faire par les procédés ordinaires. A tous les points de vue, les appareils imaginés par M. Maître méritent l'attention des propriétaires de bois ; l'écorce a une grande valeur non-seulement pour la tannerie, mais en même temps pour la corderie, les fabriques de papiers, etc. ; il était donc important que l'agriculture possédât des appareils qui lui permissent d'écorcer économiquement les bois.

§ 2. — Appareils pour la carbonisation du bois.

Depuis la plus haute antiquité, il est reconnu que la carbonisation est un des moyens les plus propres à la conservation des bois ; aussi, de tout temps, on a carbonisé les parties du bois destinées à être enfouies dans le sol.

On a inventé dans ces derniers temps différents systèmes, depuis le procédé Boucherie jusqu'aux différents procédés de peinture ; mais, jusqu'à présent, la carbonisation paraît être encore le moyen de conservation le plus économique. La carbonisation primitive, qui consiste à exposer la surface du bois à la flamme du feu, quoique pratiquée dans le plus grand nombre des cas, est loin d'être le moyen le plus expéditif et le plus économique, quand il s'agit d'opérer en grand et rapidement ; il faut alors avoir recours aux appareils à carboniser.

Parmi les différents appareils exposés, ceux de M. Hugon ont fourni d'excellents résultats. Il a exposé et fait fonctionner deux appareils : l'un, d'un petit modèle, est destiné surtout à l'agriculture, et l'autre, d'un grand modèle, aux usines : le principe est le même pour tous les deux.

L'appareil se compose : 1° d'un fourneau contenant le combustible ; 2° d'une colonne mobile portant le fourneau et servant à le faire mouvoir verticalement ou horizontalement, selon les besoins, au moyen d'un chariot mobile placé sur une table ; 3° d'une plate-forme portant le fourneau ; 4° d'un soufflet à double vent, relié au fourneau par un tuyau en caoutchouc ; 5° d'un réservoir d'eau ou du liquide à injecter ; 6° de robinets servant à régler la quantité d'eau à injecter dans le fourneau à chaque coup de soufflet ; 7° d'un banc en bois qui supporte le bois à carboniser.

La mise en marche de l'appareil est facile, même pour les ouvriers les moins intelligents. On commence par remplir d'eau la cavité près de laquelle vient apparaître le tube en caoutchouc amenant l'air des soufflets. Cette eau a pour but de protéger le tuyau en caoutchouc qui pourrait être brûlé par la haute température du fourneau ; on allume avec du vieux bois le fourneau, en laissant ouverte la porte inférieure placée sur le devant, et l'orifice supérieur servant au chargement du combustible. Quand le bois est enflammé, on ferme la porte inférieure ; on lute avec de la terre glaise et on fait fonctionner la soufflerie; on charge ensuite par l'orifice supérieur et par petites quantités le combustible, jusqu'à ce que le fourneau soit plein. Le combustible étant bien allumé, on ferme la porte de l'orifice supérieur, et la flamme sort par la tubulure recourbée placée sur le devant du fourneau. C'est cette flamme activée constamment et régulièrement par la soufflerie qu'on projette sur le bois et qui en opère d'une manière très-rapide la carbonisation.

Quand le fourneau est en marche, on règle l'injection de l'eau au moyen des robinets ; cette eau, entraînée par l'air provenant des soufflets, vient se décomposer au contact du combustible incandescent ; les gaz combustibles provenant de cette décomposition viennent, en se combinant avec l'oxygène de l'air au sortir du fourneau, s'ajouter à la flamme produite par le combustible, et augmenter ainsi d'une manière assez marquée son action carbonisatrice. Quand la flamme vient à faiblir, on remplace par petites quantités le combustible brûlé. L'inventeur a fait fonctionner ses appareils devant le Jury avec de la houille et avec du bois; on peut employer aussi bien la tourbe ou tout autre combustible solide et même liquide. Pour économiser le combustible, l'inventeur recommande, avec beaucoup de raison, de protéger les bois destinés à être carbonisés contre la pluie et le brouillard, car la flamme, avant de carboniser, doit nécessairement vaporiser l'eau dont le bois est imbibé ; il en résulte une perte de combustible et de temps.

Les appareils de M. Hugon, tels que nous venons de les décrire, sont employés aujourd'hui par l'Administration des lignes télégraphiques pour carboniser les poteaux, par la Compagnie des chemins de fer d'Orléans pour la carbonisation des traverses, et par d'autres Compagnies.

L'appareil petit modèle peut être employé en agriculture pour la carbonisation des échalas, des perches de houblonnières, des pieux d'endiguement, etc.; c'est un appareil simple, facile à manipuler et peu coûteux.

§ 3. — Fabrication des charbons.

La fabrication des charbons est une industrie accessoire fort importante pour l'agriculture ; nous devons donc attirer l'attention des agriculteurs sur un procédé qui tend à rendre cette fabrication aussi économique que possible.

Les procédés ordinaires de carbonisation sont loin de donner la quantité de charbon qu'on pourrait obtenir par des procédés perfectionnés ; ainsi, dans les forêts, on n'obtient ordinairement en charbon que 25 à 30 pour 100 du volume du bois employé, tandis qu'on pourrait obtenir jusqu'à 60 pour 100 par le procédé inventé et expérimenté par M. E. Dromart.

L'appareil qu'il a inventé a la forme d'un dôme, ayant 8m25 à la base, et 4m50 en hauteur ; il est couronné par une cheminée de 1 mètre de hauteur sur 0m76 de diamètre, qui porte une tubulure dans laquelle on fait du feu dès le commencement de l'opération pour rendre le tirage plus actif. La charpente du dôme est formée d'une couronne en fonte sur laquelle se visse la cheminée ; d'un cercle en fer à cornière servant de base et se plaçant sur le sol, et de seize montants en fer à double cornière qui relient ces deux pièces. Les vides entre les montants se ferment hermétiquement par des panneaux en tôle maintenus sur les ailes des seize membrures, à l'aide de broches coniques transversales qui les serrent fortement. Toutes les applications se font avec de l'argile détrempée et plus ou moins pétrie. On couvre le four avec des manteaux en tôle fine, pour empêcher la pluie de le refroidir pendant que la carbonisation s'opère. Le manteau porte sur les nervures des montants, et il laisse entre lui et le four une couche d'air de 0m04. On recouvre l'appareil d'une couche de terre et de gazon jusqu'à 2 mètres de hauteur.

Pour charger et décharger le four, on ménage trois portes

également espacées l'une de l'autre ; on les ferme hermétiquement avec un joint d'argile et des barres transversales arrêtées par de fortes pattes.

Le foyer dans lequel a lieu le chauffage est en fonte, doublée de terre réfractaire ; il est placé en dessous du four. La longueur est de 1m50, et un grillage allant jusqu'au milieu facilite la combustion. Il communique avec dix tubes qui s'étendent en éventail, de façon à transmettre le calorique sur toute la surface du four.

Ces tubes distributeurs sont rectangulaires. Les plus près du foyer sont en terre réfractaire, les plus éloignés sont en fonte. Ils s'emboîtent les uns dans les autres comme des tuyaux de conduite d'eau, et ils portent sur leurs faces verticales des orifices ou bouches de chaleur de 0m04 de diamètre par lesquelles les gaz s'échappent. C'est en ouvrant ou en fermant ces ouvertures qu'on régularise la carbonisation sur toute la surface du four. Ces renseignements sommaires, que nous tenons de l'exposant, suffiront pour donner une idée de l'ingénieuse disposition imaginée par M. Dromart.

Les échantillons de charbon exposés prouvent suffisamment que ce système de carbonisation est de beaucoup supérieur aux systèmes en usage. D'après les expériences faites par l'inventeur, on obtient un rendement double en charbon ; on a en outre la faculté de pouvoir carboniser en toute saison.

CHAPITRE V.

APPAREILS DE VINIFICATION ET DE DISTILLATION.

§ 1. — Appareils de vinification.

Les appareils de vinification, quoique arrivés à une grande perfection, laissent souvent à désirer par des pièces de détail. L'exposition du Champ de Mars et celle de Billancourt réunissent un grand nombre de pressoirs et d'appareils perfectionnés pour la cuvaison, une des opérations les plus importantes de la vinification.

Dans le Beaujolais, la cuvaison se fait dans des vases ouverts, comme dans un grand nombre de localités vinicoles. Ce procédé favorise l'acétification du chapeau qui s'élève au-dessus de la cuve pendant la fermentation. M. le vicomte de Saint-Trivier du Thil (Rhône) a imaginé, pour obvier à cet inconvénient, de placer dans l'intérieur de la cuve à 0^m25 du bord, un grillage en bois maintenu par une barre transversale, fixée par l'une des extrémités dans un étrier en fer, et par l'autre à un crochet. Ce simple grillage empêche non-seulement l'acidification du marc, mais permet en même temps de régler le moment où le vin doit être tiré de la cuve. Quand on emploie les vases ouverts, le vigneron est obligé de tirer sa cuve, dès que le moût est transformé en vin après la fermentation alcoolique ; s'il ne le faisait pas, la fermentation alcoolique serait suivie de la fermentation acide, d'abord, et de la fermentation putride, ensuite, toutes deux très-nuisibles à la bonne qualité des produits. Par l'emploi du grillage, le marc restant toujours baigné dans le vin, et, par suite, abrité du contact de l'air, se conserve plusieurs jours sans que la fermentation acide puisse s'opérer. Cet appareil, si simple et si utile, ne coûte que 12 francs, et peut être exécuté partout.

Pendant que M. de Saint-Trivier arrivait à garantir le chapeau contre l'acétification, de son côté M. Michel Perret de Tullin (Isère) trouvait le moyen de rendre la fermentation des cuves plus rapide et aussi complète que possible. Il avait remarqué, comme tous les vignerons, que la température d'une cuve en fermentation n'est pas la même aux différents points de sa hauteur; la partie supérieure occupée par le marc a une température beaucoup plus élevée que la partie inférieure. L'écart entre les températures de ces points extrêmes s'élève jusqu'à 15°; ceci indique une différence considérable dans l'activité de la fermentation, et démontre que la présence de la peau de raisin ou de marc au milieu du moût accélère la fermentation ; ce phénomène a donné à M. Perret l'idée de l'utiliser ; il a atteint son but par la *cuve à étages*. Le modèle exposé ne diffère des cuves ordinaires que par l'addition de six cercles fixés à l'intérieur de la cuve, cercles sous lesquels on engage à mesure du remplissage des liteaux formant claire-voie. De cette manière, la vendange est enfermée dans sa première position pendant toute la durée de l'opération qui s'accomplit sans aucun foulage.

La fermentation est tellement active que, d'après l'expérience de M. Perret, il faut laisser vide l'espace du sixième étage, afin que le liquide qui s'élève au-dessus de la cinquième claire-voie puisse s'y loger. M. Perret a constaté que la température est constamment égale dans toutes les parties de la cuve. On pourrait objecter que, par le foulage, la température peut aussi se niveler, et que toutes les parties du liquide viendront se mettre en contact avec le marc. Mais il faut remarquer que le foulage n'a qu'une action provisoire, et qu'il ne peut s'opposer à la tendance qu'a le marc de s'élever sans cesse, porté par les bulles d'acide carbonique. Le mélange du marc avec le liquide ne peut durer que le temps que dure le foulage lui-même. La compression du marc à la surface de la cuve, comme l'opère M. de Saint-Trivier, empêche seulement l'acétification du marc, et ne remplit pas non plus l'objet des cuves à étages.

Cette tendance à précipiter la fermentation pourra donner lieu à des objections très-sérieuses, parce qu'un grand nombre de vignerons prétendent, avec beaucoup de raison, qu'il faut faire macérer longtemps le marc pour donner au vin, avec plus de couleur, toutes les qualités qu'il est susceptible d'acquérir. Ceci est incontestable; mais la cuve à étages n'a pas pour but de précipiter la fermentation, mais plutôt de la rendre uniforme; elle ne fait qu'éviter les inconvénients d'une trop longue macération, c'est-à-dire l'absorption de quantités assez notables d'alcool par le marc lui-même. M. Perret déclare en avoir fait l'expérience, et il assure que les pertes en alcool s'élèvent jusqu'au cinquième de l'alcool total contenu dans le vin. La fermentation rapide permet d'éviter cette déperdition.

Tous les constructeurs de pressoirs visent à obtenir économiquement une pression considérable entre la table du pressoir et son couvercle; mais, comme l'a fait remarquer M. de Saint-Trivier, ils se sont peu préoccupés de trouver les moyens de procurer au vin des issues pendant le pressurage. Les deux principaux moyens employés sont les grilles sur la table du pressoir, et les couvercles percés de trous. Tous ces moyens, cependant, ne sont pas suffisants pour assurer au vin un écoulement complet : malgré tous les soins employés pour étendre uniformément le marc dans le pressoir, il existe toujours des parties moins tassées où le vin reste, pendant la pression, enfermé comme dans des cavités, ce qui oblige à recouper plusieurs fois le marc. En présence de cette imperfection, M. de Saint-Trivier fut amené l'année dernière à employer des cônes en fonte, à ouvertures multiples, qui lui ont donné de bons résultats. Ces cônes peuvent s'appliquer à tous les pressoirs à pression verticale. L'inventeur place un cône central autour de la vis et une vingtaine de petits cônes sur la table pour un pressoir ayant un mètre de rayon. On place le marc sortant de la cuve, les nombreuses ouvertures des cônes permettent aussitôt au vin de s'écouler en desséchant les parties voisines et en sollicitant ainsi le vin contenu dans les parties supérieures à se précipiter vers les ouvertures, comme cela arrive dans le drainage de la terre. Quand le marc, sous l'effort d'une pression de 40 à 120 kilogrammes, diminue de volume et s'affaisse sur la table, il se trouve sous l'influence de deux pressions, l'une directe et verticale, par le fait du rapprochement du couvercle, et l'autre latérale. Le marc, en effet, rencontrant le sommet des cônes, est obligé de se loger dans un espace de plus en plus restreint, à mesure qu'il arrive près de leur base. Cette seconde force modifie la forme intérieure de la masse, déforme les cavités qui peuvent s'y trouver, et en même temps les nombreuses ouvertures des cônes permettent au vin de s'échapper en tous sens.

D'après l'expérience qu'il a faite avec ses anciens pressoirs, M. de Saint-Trivier faisait recouper ou piocher cinq à six fois le marc avant de pouvoir le sécher complétement; ces diverses opérations demandaient dix heures au moins. Depuis qu'il emploie les cônes, deux piochages peuvent suffire, et il faut à peine six à sept heures. C'est là une économie de temps et de main-d'œuvre qui permettra de diminuer le nombre des pressoirs nécessaire pour une quantité déterminée de cuves.

§ 2. — Appareils à distiller.

Les appareils destinés à la distillation des racines, des tubercules, des graines, et surtout du vin, jouent un rôle considérable dans l'agriculture par l'importance commerciale des produits auxquels ils donnent naissance. Il y a des pays pour lesquels la production des alcools et des eaux-de-vie est une industrie de première importance : telles sont en France les différentes localités où l'on produit l'eau-de-vie de Cognac et de betterave. La distillation de cette dernière est une industrie des plus profitables à l'agriculture, tant au point de vue de l'amélioration du sol par les travaux qu'elle réclame, et par le fumier qu'elle procure en alimentant le bétail, qu'au point de vue des valeurs qu'elle permet d'encaisser par la vente de l'alcool. Les pays où les distilleries de betteraves se sont établies ont changé complétement d'aspect : les agriculteurs produisent plus de céréales et d'autres grains, les ouvriers gagnent un salaire plus élevé et plus constant.

D'autres contrées, comme la Russie, l'Autriche, la Roumanie, etc., transforment en alcool le maïs, le seigle et le blé de mauvaise qualité. C'est là le seul moyen de changer en un produit facilement transportable et dont l'écoulement est assuré, le surplus des céréales qui ne sont pas demandées par le commerce d'exportation ou par la consommation locale. Là aussi la distillerie a augmenté la valeur des produits du sol, en donnant un prix plus élevé aux céréales et en fournissant des résidus pour l'engraissement du bétail. En Roumanie, on a même établi des plantations considérables de pruniers dont on distille les fruits. Cette industrie est une des plus profitables pour les cultivateurs des coteaux. Il est donc fâcheux que la plupart des exposants d'appareils de distillerie se soient contentés d'exposer leurs appareils sans les faire travailler régulièrement.

Parmi les appareils présentés à l'appréciation du Jury, et dont quelques-uns ont fonctionné, on a remarqué, en premier lieu, l'appareil à distiller les vins et autres liquides de M. Veillon de Matha ; cet appareil a distillé du vin devant le Jury dans les meilleures conditions. Il est disposé sur un chariot qui permet de le transporter partout sans frais d'installation. Les bâtis et les roues sont en fer ; le fourneau est en fonte et à double foyer, ce qui permet de changer l'intérieur sans déranger l'appareil. Il peut être employé pour distiller toute espèce de matières premières, telles que vins, cidres, poirés, prunes, grains, betteraves, etc. ; mais il est principalement employé, dans les Charentes, pour la distillation des vins. Le même appareil peut être construit à demeure. L'appareil locomobile présente l'avantage de pouvoir être transporté d'une maison à l'autre avec la plus grande facilité.

L'appareil distillateur portatif, présenté par M. Egrot, a le mérite de pouvoir distiller des produits liquides et demi-liquides, comme les lies de vins et les marcs de raisins. Les pièces qui le composent sont en cuivre étamé à l'intérieur. Il économise beaucoup de combustible, car la vapeur passe par le serpentin, qui est établi dans le chauffe-vin, et chauffe ainsi le liquide contenu dans cette partie.

L'alambic à bascule de M. Chrétiennot présente l'avantage de pouvoir se renverser instantanément. Le renversement s'opère à l'aide d'un levier et de roues dentées circulant sur des rails. Cet appareil portatif est très-ingénieux.

M. Fouinet, en introduisant la tubulure dans les chaudières des appareils à distiller, a indiqué un moyen de réduire notablement la quantité de combustible employé.

CHAPITRE VI.

TYPES DE BATIMENTS RURAUX.

L'exposition de différents spécimens de bâtiments ruraux à l'Exposition Universelle de 1867 a été une innovation des plus utiles. Parmi les améliorations les plus urgentes que réclame l'agriculture progressive dans les différents pays de l'Europe, il faut citer la réforme des anciennes constructions rurales. Même dans les pays les plus avancés on rencontre encore des bâtiments incommodes et insalubres. Les matériaux employés dans les constructions rurales ont une grande importance, mais ils sont déterminés par la nature du sol; aussi, le point important à considérer est une bonne disposition de bâtiments bien appropriés aux besoins du système de culture.

Parmi les constructions rurales élevées dans le Champ de Mars, la *métairie hollandaise* offrait le type le plus complet. Cette métairie était exposée par la *Société hollandaise d'agriculture*. Cette ferme si remarquable a été construite en Hollande par M. W. A. Van Ryn, d'après les plans et sous la direction de M. Van Cyeer, architecte à Leiderdorf et secrétaire de la Société. Cette bâtisse entièrement en bois est un modèle d'une ferme hollandaise des bords du Rhin, dans un pays de pâturages ; le bâtiment se compose de deux corps séparés longitudinalement par un large espace libre, mais réunis au tiers de leur longueur par un passage couvert.

En entrant, on trouve d'abord un vestibule où se fait la fabrication du beurre et du fromage ; on y voit une collection complète d'ustensiles de laiterie en fer-blanc, en faïence et en cuivre, d'une propreté traditionnelle ; une presse à fromages et un rafraîchissoir alimenté par une pompe qui envoie aussi de l'eau dans l'étable. A droite du vestibule se trouve l'habitation d'hiver du cultivateur, garnie de lits et des autres meubles nécessaires, et un peu plus loin le local demi-souterrain destiné à la conservation des produits de la laiterie. A gauche du vestibule se trouve la vacherie qui communique avec lui par trois portes, une au milieu qui donne entrée au grand couloir de service où se fait la distribution des aliments, et deux autres à droite et à gauche qui correspondent aux petits couloirs existants derrière les vaches. La vacherie est établie dans les meilleures conditions pour la facilité du service et pour l'hygiène. Haute et large, elle est éclairée et aérée par de grandes fenêtres vitrées. Le couloir central destiné au service des fourrages est spacieux, le sol est convexe et dallé en briques. Des deux côtés du couloir, et devant chaque rangée d'animaux, existe une large rigole en ciment faisant office d'abreuvoir. Au moment où l'on doit donner à boire au bétail on n'a qu'à ouvrir les robinets et l'eau arrive du rafraîchissoir. A droite et à gauche existe un emplacement pour quarante vaches, séparé du couloir par une grille faite avec des pieux en bois, à travers laquelle les animaux passent la tête pour manger. Derrière les vaches, et tout le long de la vacherie, il y a une rigole ou collecteur pour la fiente et l'urine. Afin que la queue des animaux ne se salisse pas en traînant dans ce collecteur, on la leur attache par une ficelle à une corde suspendue dans toute la longueur de l'étable. Entre la rigole à fumier et les murs se trouvent l'espace par lequel on enlève les fumiers.

Telle est dans son ensemble cette vacherie modèle qui ressemble en tout à la vacherie de la ferme impériale de Vincennes, un des modèles perfectionnés du genre. A Vincennes, en dehors des moyens de transport de la nourriture et du fumier qui sont mieux compris, et où, entre autres améliorations importantes, on a laissé aux animaux plus d'espace dans tous les sens, on a de plus supprimé le canal à fumier établi derrière les vaches. Dans la ferme hollandaise, ces deux défauts existent, et il serait utile de modifier, dans le sens que nous venons d'indiquer, les constructions de ce pays.

En passant dans le second corps de bâtiment, on arrive à l'atelier où se trouve à droite un foyer, un four et une chaudière qui fournit de l'eau chaude à tout moment pour les besoins si nombreux de la laiterie ; à gauche la baratte qui est mise en mouvement par un manége. Dans cet atelier donne l'habitation d'été du cultivateur, pièce spacieuse, proprement et modestement meublée. De l'atelier on pénètre, par une porte de service, dans la plus grande aile du second corps de logis ; on y rencontre d'abord le manége destiné à la mise en mouvement de la baratte ; puis une étable destinée à l'élevage des veaux, la porcherie, l'écurie pour deux chevaux et enfin la remise. Attenant à l'atelier existe un vaste lavoir établi sur les bords d'un canal. En pénétrant dans le passage qui sépare les deux corps du bâtiment, on trouve à l'extrémité la fosse à purin dans laquelle viennent déboucher les rigoles des étables, écuries et lieux d'aisances. Enfin, aux deux extrémités de la métairie et de la vacherie s'élèvent deux meules à toit mobile, dont l'une est de forme carrée et l'autre de forme hexagonale.

Tous les bâtiments de la ferme sont surmontés de vastes greniers pour loger les servantes, les valets de la ferme, le grain, le foin et la paille pour la nourriture du bétail pendant l'hiver. Le toit de la métairie est en jonc; c'est une excellente couverture qui maintient en toute saison une température uniforme.

La description que nous venons de faire de la métairie hollandaise ne pourra en donner qu'une idée assez faible. Tout y est disposé pour la production du lait; c'est le modèle d'une ferme des bords du Rhin, où se trouvent de vastes pâturages et dont la spéculation principale est la fabrication du beurre et du fromage. Cette spéculation va du reste en croissant chaque année. En 1866, la Hollande a exporté 30,339,000 kilogrammes de fromage et 18,373,000 kilogrammes de beurre.

Passons maintenant au modèle d'habitation d'un fermier de l'ouest des États-Unis, exposé par M. Simon Bridges, de Chicago. Cette maison, d'une architecture fort simple et cependant gracieuse, est construite tout en bois de pin et de chêne tirés des forêts de l'État de Wisconsin. Elle se démonte et peut se transporter facilement, ce qui rend de grands services aux agriculteurs qui viennent s'établir dans des endroits isolés où ils ne trouveraient aucun moyen de se faire construire un abri.

On trouve dans cette maison toutes les pièces nécessaires à une vie confortable. Salon, cabinet d'étude, chambre à coucher, salle à manger, chambre de famille, cuisine, buffet, etc. Il y a un rez-de-chaussée et un premier étage où se trouvent les chambres à coucher. A l'extérieur il existe une galerie à colonnettes qui donne à l'habitation un aspect des plus élégants.

Parmi les spécimens de constructions rurales établis dans le parc de l'Exposition Universelle, la cave de Roquefort a beaucoup attiré l'attention. Tout le monde connaît la réputation dont jouissent les fromages fabriqués dans ces caves. Les premières caves dans lesquelles on fabriquait le fromage de Roquefort étaient des grottes naturelles, des couloirs étroits traversés par des courants d'air et imprégnés de l'humidité permanente qui se trouve dans la montagne de Cambalon. Plus tard, on construisit dans le même endroit de véritables caves, vastes, aérées et humides. Les caves contiennent tout ce qui est nécessaire à la fabrication du fromage, et se divisent en plusieurs parties. La première est la cave proprement dite, où débouchent les soupiraux qui amènent les courants d'air; elle est garnie d'étagères sur lesquelles on place les fromages. La seconde pièce sert d'entrepôt aux fromages et la troisième est le saloir dont la fraîcheur est d'une grande importance pour la bonne qualité des produits. C'est une cave voûtée et dallée dans laquelle on dépose par terre les fromages après les avoir salés. Auprès de la cave se trouve établie dans le roc une bergerie où on garde les brebis arrivées du pâturage. Telle qu'elle est construite au Champs de Mars, la cave de Roquefort représente l'ancien système amélioré. Les parois du rocher sont presque à nu ; il n'existe que peu de maçonnerie. Les courants d'air qui traversent les fissures de ces caves sont tellement vifs qu'ils éteignent une bougie placée dans leur direction.

Le sol des caves nouvelles est formé par un plancher, tandis que, dans les anciennes, le sol est laissé naturel, ce qui gêne la circulation et ne permet pas d'entretenir toute la propreté nécessaire dans une fromagerie.

Dans les caves du pays la température varie entre 4 et 8 degrés centigrades. L'air que charrient les soupiraux est imprégné d'une humidité qui marque, en moyenne, 60 degrés à l'hygromètre. L'expérience a prouvé que la température et l'humidité que nous venons de mentionner sont indispensables pour assurer la bonne qualité du fromage. Si la température était moins élevée, elle pourrait empêcher les réactions qui doivent se produire dans la pâte; si elle était plus élevée, elle activerait trop la fermentation. Si l'air était plus sec, les fromages ne seraient pas suffisamment moelleux; si, au contraire, il était par trop chargé d'humidité, le fromage perdrait de sa consistance et sa conservation en souffrirait.

Il existe actuellement à Roquefort 400,000 têtes de bêtes à laine, dont 250,000 brebis laitières. En 1866, les caves ont produit 3,250,000 kilogrammes à 120 francs les 100 kilogrammes. Les cultivateurs perçoivent donc par ce produit une somme de 3,900,000 francs. A cette somme il faut ajouter 2 millions de francs pour la laine et 1,200,000 francs pour une valeur de 80,000 vieilles brebis vendues à 15 francs pour la boucherie. Les brebis sont remplacées par les agneaux, et il en reste encore 140,000 pour la vente, lesquels au prix de 4 francs l'un, produisent encore une somme de 560,000 francs.

Réunissant toutes ces sommes, on arrive au chiffre de 7,660,000 francs que les agriculteurs des environs de Roquefort perçoivent annuellement.

Le passé et le présent garantissent le développement de cette précieuse industrie. Voici quelques données sur son développement progressif à partir de 1800 :

En 1800..................	250,000	kilogrammes.
1820..................	300,000	—
1840..................	750,000	—
1850..................	1,400,000	—
1860..................	2,700,000	—
1866..................	3,250,000	—

D'après les calculs faits, on a constaté que les caves de Roquefort donnent lieu à un mouvement de fonds qui s'élève à 15 millions de francs et qui profite à 60,000 personnes.

Ce développement successif et considérable d'une industrie occupant un espace si restreint est un fait des plus intéressants, et il faut savoir gré à la Société des caves réunies de Roquefort d'avoir mis sous les yeux du public un spécimen si exact de ces caves dont les produits sont connus dans toutes les parties du globe.

La Normandie a été représentée par la laiterie de M. le comte de Kergorlay. Cette laiterie est disposée de façon à rendre les manipulations économiques et expéditives. Le public agricole étranger a pu se rendre compte par lui-même de ces laiteries normandes si réputées dans toute l'Europe.

L'étable de M. Bignon serait, suivant nous, améliorée dans un de ses détails, si, au lieu de trous pratiqués dans les parois de séparation du couloir pour le passage de la tête des animaux, on appliquait le système décrit à propos de la métairie hollandaise.

M. Giot a eu l'heureuse idée de réunir dans son exposition une étable circulaire, une basse-cour, un parc à béliers, un poulailler roulant, etc., et de créer ainsi une sorte de ferme modèle, dont beaucoup de détails sont intéressants.

Le hangar de Seine-et-Marne est économique, c'est un bon modèle à imiter.

Parmi les installations de Billancourt, tout le monde a remarqué, comme une nouveauté, l'atelier agricole de M. J. Pinet fils. Cet atelier se compose : 1° d'un établi de menuisier et de charpentier, portant une scie circulaire; 2° d'une forge, avec son enclume et les outils accessoires; 3° d'un étau, avec machine à percer; 4° d'un tour, d'une meule à aiguiser; 5° d'un arbre de transmission avec quatre poulies. Le but de M. Pinet est d'initier les ouvriers de ferme aux travaux mécaniques, et de les amener ainsi à exécuter eux-mêmes certaines réparations urgentes. Les ouvriers agricoles savent généralement employer un certain nombre d'outils à bois, comme la hache, la tarière, la scie, etc.; s'ils avaient à leur disposition des outils à travailler le fer, comme la lime, le burin, la machine à percer, ils apprendraient rapidement à s'en servir. L'installation décrite plus haut coûte à peine 1,100 francs. Dans les pays où les ateliers mécaniques font défaut, il n'y a pas d'établissement plus nécessaire.

CHAPITRE VII.

INDUSTRIES AGRICOLES.

---

§ 1. — Féculeries.

Avant la fabrication du sucre et de l'eau-de-vie de betterave dans les fermes, la féculerie était la principale industrie accessoire. En nécessitant la culture en grand de la pomme de terre, la féculerie a rendu d'immenses services; la culture de cette plante est une de celles qui améliorent le plus le sol, tant par les façons préparatoires et d'entretien qu'elle exige, que par la quantité d'eau fertilisante qu'elle produit lors de sa transformation en fécule.

Il est à regretter que l'Exposition Universelle n'ait pas offert un plus grand nombre de types de cette importante industrie. Les seuls exposants de féculerie agricole sont MM. Joly et Camus, constructeurs à Compiègne; leurs appareils étaient à Billancourt. Ces appareils fonctionnent, dans différentes fermes, depuis nombre d'années; nous indiquerons les derniers perfectionnements qu'ils viennent de recevoir.

La disposition générale des appareils donne une économie considérable de main-d'œuvre, car, presque toutes les opérations se font mécaniquement, ce qui n'existait pas dans les anciens systèmes; le lavage, l'épierrage, l'engrenage des pommes de terre, le délayage de la fécule, son transvasement, son tamisage et son lavage s'opèrent sans aucune intervention. Les pommes de terre étant introduites dans la trémie du laveur-épierreur, sans le secours de la main de l'ouvrier, sont réduites en pulpe qu'une pompe porte dans le tamis d'extraction d'où la fécule s'écoule avec l'eau dans le tamis à repasser, placé au-dessous du premier. Une pompe, dont le tuyau vient plonger dans le bol même de ce dernier tamis, aspire l'eau contenant la fécule et la porte dans la seconde cuve, et de là dans la troisième. La fécule déposée et le surplus d'eau décanté, on met en mouvement l'agitateur de la première cuve, et on délaye la fécule, puis on fait couler le liquide par un robinet placé au bas de chaque cuve, et il est remonté au moyen d'une pompe dans la cuve des blancs. Lorsque toute la fécule contenue dans les cuves de dépôt est passée dans la cuve des blancs, on fait reposer et on délaye de nouveau au moyen de l'agitateur. Cette opération terminée, on fait passer au tamis fin, toujours au moyen de la pompe, et le liquide s'écoule sur le plan essoreur où la fécule se dépose.

L'épierreur imaginé par M. Joly est destiné à éviter les pertes occasionnées par les pierres, dont quelques-unes passent toujours à la râpe : ce sont des bras en fonte qui agitent les tubercules au moment où ils passent à la râpe, et qui permettent aux pierres dont la densité est plus grande de se déposer. La râpe imaginée par MM. Joly et Camus donne une pulpe plus fine et plus régulière et permet d'obtenir un rendement supplémentaire en fécule de 3 pour 100.

Telle qu'elle est construite, la féculerie agricole a aussi le mérite d'occuper fort peu de place.

§ 2. — Systèmes d'éducation pour les vers à soie.

Malgré l'importance de la sériciculture et l'intérêt qui s'attache aux différents systèmes d'éducation des vers à soie, l'Exposition n'a mis devant les yeux du public que l'appareil du Dr Delprino (Italie). Cet unique exposant a réussi à inventer un système complet et tout à fait nouveau qui, d'après les appréciations des personnes les plus compétentes, et d'après les observations du Jury, paraît avoir des avantages considérables sur les anciennes pratiques.

Des expériences sérieuses tentées à plusieurs reprises en Italie, et entre autres celles qui ont été faites par une Commission nommée à cet effet par le Ministre de l'agriculture, ont suffisamment prouvé que le nouveau système d'éducation de M. Delprino est meilleur que tous les autres. L'appareil, nommé *cellulaire-isolateur*, se compose de deux parties : 1° la cabane ; 2° la coconnière à cellules. La cabane est formée de montants et de planchers. Les premiers consistent en six petites colonnes réunies par des traverses horizontales destinées à soutenir les planchers. Au niveau de chaque plancher, il y a des traverses destinées à maintenir les coconnières lorsque le moment est venu de les placer. Une cabane a huit étages, et la distance d'un étage ou d'un plancher à l'autre est de 28 centimètres.

On a besoin, pour l'éducation d'une once de graine, de quarante-huit planchers mobiles ; la mobilité des planchers permet de donner la feuille et de changer les vers avec la plus grande facilité sans avoir recours à ces échelles de l'ancien système qui font perdre du temps et rendent le travail très-incommode et très-long pour les ouvrières.

La seconde partie de l'appareil Delprino est la coconnière à cellules. Elle se compose de petites lattes entre-croisées de façon à former des cellules dans lesquelles les vers à soie viennent former leurs cocons. Les cellules sont disposées de façon à ce que dans chacune d'elles un seul ver puisse faire son cocon.

Quand l'époque de la mise à bruyère arrive, c'est-à-dire lorsque les vers commencent à monter, il n'y a rien de plus simple que d'adapter les châssis cellulaires aux appareils ; un enfant peut les ajuster. C'est là la véritable et la plus intéressante invention de M. Delprino. Les avantages des coconnières peuvent être résumés de la manière suivante : en premier lieu on a toujours la coconnière sous la main, on peut la placer sans déranger aucunement les insectes et, chose essentielle, sans empêcher la circulation de l'air. Les cellules offrent aux vers retardataires un moyen facile de monter au bois en face d'eux sans avoir besoin de courir à droite et à gauche, au détriment de leurs forces. Les cocons fournis par les cellules isolatrices sont mieux faits, donnent plus de soie et se dépouillent plus facilement.

D'après les expériences, les cocons retirés des cellules Delprino donnent un rendement supérieur de 10 à 20 pour 100 à celui qui est obtenu avec les procédés ordinaires.

Avec ce système on ne rencontre presque jamais des cocons doubles, même dans les races les plus disposées au communisme du cocon ; la proportion des doubles est de 2 à 5 pour 100, tandis que dans les magnaneries ordinaires la proportion des doubles est de 20 à 30 pour 100. Les cocons irréguliers sont aussi réduits à des proportions minimes.

Au moyen des coconnières on évite aussi les inconvénients qui résultent des déjections qui tombent sur les vers ou sur les cocons toutes les fois qu'il n'y a pas de séparation entre les différents étages. On évite encore les taches produites par les vers morts qui sont cachés dans la bruyère, et qui rendent difficile le dépouillement du cocon en l'imprégnant d'un suc collant. Avec les systèmes ordinaires, les cocons tachés ont atteint 25 à 30 pour 100 à Bergerac ; tandis que, avec le système Delprino, ils sont dans la proportion de 3 pour 100 seulement. On a, de plus, la possibilité de contrôler exactement le nombre des cocons, puisqu'il est complétement impossible d'en enlever un seul de sa cellule sans que cela soit remarqué. Pour enlever les cocons, il suffit de les pousser légèrement hors des cases. Si on veut gagner du temps on emploie le chevalet à décoconner. C'est un appareil très-simple composé de 16 ou 52 tampons disposés de manière à ce qu'un tampon corresponde à une cellule ; il suffit d'une légère pression et les cocons tombent hors des cellules.

L'appareil Delprino présente aussi des avantages pour la fabrication de la graine ; on opère d'une manière plus propre et on peut, au besoin, laisser les cocons dans leurs petites cellules, afin que la chrysalide n'ait rien à souffrir de leur déplacement. On soustrait, en outre, les papillons à trop de lumière sans obscurcir la chambre et on peut constater la qualité de la graine, car l'inspection est rendue facile au moyen de ces appareils qui permettent à chaque papillon de déposer sa graine à part. On peut donc rejeter les mauvaises graines, sans qu'elles aient pu porter le moindre préjudice aux bonnes par leur contact avec elles. Dans le cas de maladie des vers à soie, ce système d'isolement, pour les papillons, peut présenter des avantages considérables en permettant de mettre à part les papillons qui paraissent le plus robustes et d'en récolter la graine séparément. Tous ces avantages, et beaucoup d'autres que nous n'avons pu indiquer, nous permettent d'espérer que l'appareil Delprino attirera toute l'attention des personnes qui s'occupent de sériciculture.

CHAPITRE VIII.

CONSERVATION DES PRODUITS AGRICOLES. — APPAREILS PROPRES A LA CONSERVATION DES GRAINS.

La conservation des grains est une question qui intéresse à la fois l'agriculture et l'économie politique. Les grains et le blé surtout sont la base de l'alimentation de nos pays, et toutes les fois qu'il fait défaut, la société tout entière est atteinte. Il est donc naturel que la bonne conservation de cette céréale ait attiré de tout temps l'attention publique.

Un procédé efficace et économique de conserver le grain permet aux récoltes abondantes de neutraliser les effets désastreux des mauvaises années, de maintenir le prix des grains à un taux uniforme, également rémunérateur pour le producteur et convenable pour le consommateur. Les brusques changements de prix, l'abondance et la disette portent parfois atteinte à l'ordre social lui-même. Il est vrai qu'aujourd'hui les voies de communication sont si rapides qu'il n'y a plus à craindre les disettes, les hausses ou les baisses considérables dans les prix. La liberté du commerce des céréales neutralisera aussi jusqu'à un certain point les effets fâcheux des grandes variations dans la production. Mais beaucoup de pays ne sont pas encore sillonnés par des chemins de fer, des canaux ou même de bonnes routes, et on en a vu qui étaient privés du pain nécessaire à l'existence de leurs habitants, tandis que, à des distances relativement faibles, d'autres en avaient en abondance. Il faut de plus remarquer qu'en l'absence d'un bon système de conservation l'agriculture perd annuellement par la fermentation, par le ravage des insectes, des rongeurs, par les dégâts de toutes sortes un huitième à un cinquième de ses grains.

Dans l'antiquité, comme cela se pratique encore de nos jours dans certaines parties de la Russie, de la Roumanie, de l'Italie et d'autres pays, on conservait les grains dans des fosses creusées dans le rocher ou dans la terre. De notre temps, la conservation des grains a préoccupé plusieurs savants et agriculteurs et a donné naissance aux divers systèmes de MM. de Lasteyrie, Dejean, Ternaux, Doyère, Pavie, Louvet et autres. Tous ces systèmes peuvent être ramenés à deux modes de conservation : l'ensilage et l'aération. Le premier est généralement applicable dans les contrées où des réservoirs souterrains peuvent être établis avec sécurité ; le second dans les pays septentrionaux où les silos seraient difficilement soustraits à l'action de l'humidité. L'ensilage a des avantages incontestables; il empêche la fermentation et la germination ; il épargne les dépenses périodiques de manutention ; il diminue beaucoup l'action des insectes parasites. L'aération a l'avantage de rafraîchir les grains échauffés par la fermentation, mais elle ne les garantit pas suffisamment contre les insectes.

Une étude sérieuse de tout ce qui a rapport à la conservation a conduit M. Haussmann à imaginer *les silos mobiles à atmosphère désoxygénée.* Ce système consiste à renfermer les grains dans des silos mobiles en tôle de fer, parfaitement clos, et dont l'atmosphère est désoxygénée par des procédés qui enlèvent en même temps aux grains l'excès d'humidité qui pourrait occasionner leur détérioration et aux parasites l'oxygène indispensable à leur respiration. Le but est de remplacer l'air atmosphérique qui se trouve dans les silos par de l'azote. M. Haussmann obtient l'azote en désoxygénant l'air par l'oxyde de fer porté à une température élevée. Lorsque les silos hermétiquement fermés sont remplis d'azote ils peuvent rester dans cet état des années entières à l'abri de l'attaque des parasites et des causes de destruction.

Le Jury a examiné le blé ensilé à la boulangerie centrale, et il a constaté que, après quatre ans, il était aussi frais et conservait l'odeur particulière au blé fraîchement récolté. Comme économie, le procédé de M. Haussmann présente des avantages considérables ; la modification de l'atmosphère des silos coûte à peine cinq centimes par hectolitre, et cette dépense une fois faite n'a pas besoin d'être renouvelée pendant toute la durée de la conservation, quelle que soit son étendue. Quant à la dépense de construction et d'installation des silos mobiles, elle est assez modique. Les silos de grandes dimensions coûtent de 5 à 6 francs par hectolitre de capacité, en y comprenant le prix du hangar sous lequel on doit les abriter. Comme durée, il est incontestable que, en entretenant convenablement la peinture extérieure des silos, ils peuvent durer des centaines d'années. L'emmagasinage et le démagasinage des récoltes se font très-facilement à l'aide d'une chaîne à godets. Ce système de conservation mérite toute l'attention qu'exige une question aussi importante.

CHAPITRE IX.

SPÉCIMENS DE CULTURE ET D'ASSOLEMENTS.

L'établissement des spécimens de culture est une heureuse innovation. Sans nous arrêter aux objections fondées sur l'exiguïté du terrain des expériences qu'il est facile de réfuter, et sans insister sur les avantages réels que ce genre d'exposition entraîne, en aidant à la propagation de bonnes méthodes et en soulevant des discussions fécondes, nous passerons de suite en revue les principaux spécimens de culture établis à Billancourt. Nous trouvons d'abord M. Decrombecque, un des agriculteurs les plus éminents. Le trait essentiel de ses cultures est le billonnage remplaçant la culture à plat. Il y a à peine quatre ans que M. Decrombecque a introduit le billonnage dans sa ferme de Lens, dans le Pas-de-Calais. Cette ferme, qui a obtenu la prime d'honneur, a une étendue de 400 hectares, dont 140 sont en betteraves. C'est pour cette plante que la culture en billons a été adoptée d'abord ; mais l'expérience a démontré à M. Decrombecque que le billonnage est également bon pour la généralité des autres plantes. Les billons sont espacés de 0^{m}80 et les plantes sont semées ou plantées sur un seul rang au sommet des billons. Les binages se font aussi facilement ; les ouvriers binent à la main le sommet des billons, et les entre-billons sont binés avec des houes tirées par un cheval ou par un bœuf. La distance entre les billons permet aussi aux roues des voitures qui transportent le fumier pour les betteraves en végétation, de passer entre deux billons sans briser les tiges. M. Decrombecque peut ainsi appliquer, jusqu'au mois d'août, du fumier en couverture sur ses betteraves, suivant l'exemple des maraîchers qui obtiennent ainsi des rendements énormes par ce procédé. Au point de vue des semailles, l'honorable agriculteur dont il est question soutient que la culture en billons est aussi très-avantageuse, vu qu'elle peut être faite par un temps humide. Des femmes ou des enfants déposent sur le sommet des billons la graine qu'ils ont dans la poche d'un tablier; cette opération revient à 10 francs par hectare. Les betteraves cultivées en billons sont espacées de 20 centimètres; on les arrache à la charrue, opération qui prépare admirablement la terre pour recevoir du blé.

De même que les betteraves, les céréales sont aussi semées en billons, à la main et en paquets, ce qui les préserve contre la verse mieux que la semée en lignes. La distance qui reste entre les billons permet l'exécution des cultures d'entretien, telles que hersages et binages qui ne sont pas moins utiles aux céréales qu'aux racines.

Beaucoup de personnes pensent que les céréales ne peuvent donner des rendements élevés que par les semis à plat; pour elles, la culture de M. Decrombecque ne paraîtra pas rationnelle; cependant les résultats prouvent le contraire, car avec son système, il récolte de 30 à 40 hectolitres de froment par hectare. Le colza, qui rend 35 hectolitres par hectare, à Lens, est semé aussi sur billon, de même que la luzerne dont les lignes sont espacées de 90 centimètres. En dehors des avantages que nous venons de signaler, il faut remarquer que les billons changeant tous les ans de place, une partie assez considérable de la terre représentée par les entre-billons ne produit que de deux années l'une, ce qui équivaut à une jachère bien travaillée. Il est facile de comprendre les conditions excellentes dans lesquelles sont faits les semis sur ces entre-billons si bien préparés.

M. Decrombecque assure qu'il a ainsi réduit les dépenses de culture, tout en augmentant le rendement de ses terres. Pour arriver à ces résultats, il emploie toute une série d'instruments indispensables à la réussite de la culture en billons.

La charrue à billonner est celle de M. Howard, à double versoir; elle est munie d'une tige de fer verticale qui trace, pendant que la charrue est en marche, une raie à une distance de 80 centimètres; de cette façon, le laboureur a la voie préparée pour ouvrir les billons à égale distance. Cette charrue est employée pour toutes les façons qui doivent être données à la terre.

A Lens, on emploie deux semoirs : l'un pour les billons, qui a des socs larges, pénétrant peu profondément sous le sol. Sa disposition permet de semer toujours au milieu des billons. Les tubes du semoir s'avançent à la suite de deux rouleaux concaves qui tassent la crête des billons et le garantissent ainsi contre les érosions des pluies. Le second semoir est à poquet; il est surtout employé pour les céréales; les grains en poquets se défendent mieux, d'après M. Decrombecque, contre les intempéries et les insectes, et ils résistent à la verse. Les rouleaux sont de divers systèmes. Le rouleau en fonte à disques mobiles a l'avantage de conserver la forme des billons, tout en les tassant convenablement. Il peut être employé par un temps humide, parce que la mobilité des disques leur permet de secouer la terre qui s'y attache et de s'en débarrasser. On l'emploie pour toutes les cultures. On fait usage à Lens de rouleaux-cylindres d'une grande portée qui permettent de rouler quatre billons à la fois. On roule les céréales et les betteraves plusieurs fois avec un rouleau cannelé en bois; cette opération, tout en tassant la terre et en la brisant, refoule en même temps la sève dans le collet des plantes en inclinant légèrement leurs tiges. Cet instrument est traîné par un cheval ou par un bœuf. On se sert de la herse billonneuse double, composée de deux bâtis armés chacun de onze dents de fer. Huit dents peuvent être redressées ou inclinées suivant l'inclinaison du sol. La herse-chaîne anglaise de M. Howard, triplée par M. Decrombecque, est aussi d'un usage très-commode. Elle émiette très-bien la terre et détruit les mauvaises herbes. On s'en sert avantageusement pour herser les luzernes après la coupe, ainsi que les défrichements avant de jeter la graine. Pour les binages, on emploie une herse à cheval, à deux ou trois rangs de lames, distancés de 80 centimètres. Derrière chaque rang on attache un bout de herse-chaîne maintenu par un boulet de fer hérissé de pointes qui pulvérisent très-bien la terre soulevée par les lames de la roue.

Tels sont les principaux instruments pour la façon et la culture des billons ; comme instruments de récolte, M. Decrombecque emploie la même charrue billonneuse en remplaçant les deux versoirs par un appareil en éventail. Les façons données à la terre avant de la mettre en billons sont exécutées avec les instruments ordinaires, tels que la charrue billonneuse, la herse volante, etc.

D'après M. Decrombecque, la culture en billons est beaucoup plus avantageuse au point de vue du prix de revient et au point de vue de la production ; elle a l'avantage de mettre les plantes dans de meilleures conditions de végétation pendant les temps secs et humides, et, enfin, elle assure aux récoltes suivantes une terre mieux préparée et plus riche ; car, suivant lui, les entre-billons sont une véritable jachère travaillée.

Les seconds spécimens de culture exposés sont ceux de M. Hary, agriculteur à Oisy-le-Verger. Ici, nous trouvons la culture de la betterave, de la pomme de terre et du blé faite sur billons, tels que M. Hary la pratique dans sa ferme, dont l'étendue est de 315 hectares. Il y a trois ans que les semailles à plat sont abandonnées sur cette ferme; après une expérience de plusieurs années, cultivant comparativement à plat et en billons, M. Hary est arrivé à reconnaître la supériorité du billonnage signalée depuis 1845 par M. Champonnois pour la betterave, ensuite par M. Giot et bientôt pour toutes les cultures, par M. Decrombecque.

Loin de partager toutes les opinions de M. Decrombecque sur les avantages de la culture en billons, M. Hary croit avoir démontré que ces cultures sont plus épuisantes que celles à plat et que les betteraves récoltées sur billons manquent généralement des qualités qu'on recherche pour la fabrication du sucre et de l'alcool. C'est là une grande question, vu l'importance considérable de la culture de la betterave en

France. Il est utile de déterminer la meilleure manière de cultiver cette plante en vue de sa richesse saccharine. M. Hary assure que sa propre expérience lui a démontré la vérité du premier point qu'il avance; la betterave cultivée sur sillon est très-espacée et les racines prennent un grand développement au détriment de la qualité. Tous les fabricants de sucre et les distillateurs savent que la grosse betterave est loin de donner comparativement un rendement en sucre ou en alcool aussi considérable que la moyenne ou la petite.

M. Hary, partisan de la culture en billon, a donc cherché à corriger les deux vices capitaux que nous venons de signaler. Il obvie à l'épuisement du sol par l'addition aux fumiers de tous les résidus liquides de la distillerie, c'est-à-dire, les vinasses de 12 millions de kilogrammes de betterave et 1,500,000 kilogrammes de mélasse, soit environ 180,000 hectolitres de vinasses. Ces engrais liquides sont distribués par voie d'irrigation; les billons se prêtent admirablement à ce genre d'épendage, ainsi qu'on a pu le voir plusieurs fois à Billancourt.

Pour corriger le trop grand développement des racines, M. Hary place sur le haut de chaque billon deux rangs de betteraves à 10 centimètres d'écartement. Les billons sont espacés de 90 centimètres à 1 mètre, de sorte que chaque rang a pour se développer une largeur moyenne de $0^{m}45$ à $0^{m}50$. Par ce moyen, on conserve par hectare de 80,000 à 100,000 pieds de betterave, tout en obtenant des racines pesant, en moyenne, de 600 à 700 grammes. Le blé est semé à raison de trois rangs par billon et en lignes distantes de 15 centimètres; les sillons qui séparent les billons ont assez de largeur pour permettre à la binette à main de fonctionner jusqu'au mois de mai. Les spécimens établis à Billancourt et la pompe par laquelle on faisait arriver les vinasses entre les billons, ont donné une idée suffisante de cet excellent système. On fait arriver, par des tuyaux placés en terre, toutes les vinasses, les urines et les eaux de lavage des étables et des écuries dans une vaste citerne. Une pompe aspirante et foulante, qui demande quatre chevaux de force pour un débit de 100 hectolitres à l'heure, transporte ces liquides dans un réservoir construit au point culminant de l'exploitation, soit à 750 mètres de la ferme et à 38 mètres d'élévation. De là, on domine les champs et on déverse les engrais liquides depuis le 15 septembre jusqu'au 15 juillet, sur les récoltes ou sur les guérets. La densité de cet engrais est de 2° et l'on en emploie de 700 à 1,500 hectolitres par hectare, selon la nature du sol et des récoltes. Cette fumure contient, d'après les calculs faits par M. Hary, environ 1,500 kilogrammes de potasse brute. La vinasse est comptée à raison de 0 fr. 15 l'hectolitre.

Fumant abondamment la terre avec les vinasses et les fumiers de ferme produits par l'entretien d'une tête et demie de gros bétail par hectare, M. Hary suit un des assolements des plus hardis. Comme à Billancourt, il partage les terres par moitié entre la betterave et le froment; un sixième de l'exploitation est semé en fourrages pour les chevaux. Avant d'employer les vinasses et la culture en billons, le propriétaire d'Oisy-le-Verger achetait pour 25,000 francs de guano par an ; actuellement, les engrais qu'il produit suffisent aux besoins de son exploitation, malgré l'assolement suivi qui est très-épuisant. Les fumures sont si énergiques qu'il y a tout lieu de croire que la fécondité du sol doit s'accroître graduellement.

En troisième lieu se présentent les spécimens de culture de M. Bignon, agriculteur à Theneuille. Ce qu'il a exposé à Billancourt est pratiqué en grand sur une ferme de 480 hectares qu'il cultive depuis 1849. L'assolement suivi est de cinq ans : 1re année, racines fourragères ; 2e blé ou seigle; 3e trèfle avec ray-grass ; 4e même récolte; 5e avoine sur trèfle rompu.

Les racines sont cultivées sur les billons de 70 à 75 centimètres ; le blé dans des planches de deux mètres. Ici nous nous trouvons fort loin de la culture intensive du Nord dont nous venons de parler, et qui est personnifiée par MM. Decrombecque et Hary. M. Bignon, qui cultive dans le Centre, dans un pays relativement pauvre, où le métayage est le système d'exploitation en vigueur, a voulu mettre sous les yeux du public un système d'assolement qui, avec de faibles ressources de main-d'œuvre, permette cependant de tirer un bon parti de la terre. C'est un bon spécimen de culture extensive.

M. Bignon a aussi cultivé un certain nombre de plantes fourragères dont il croit la propagation utile, telle que le topinambour, la betterave globe jaune, le panais long de Jersey, les choux-raves, les féverolles, un mélange de sarrasin, pois gris et maïs, et un autre composé de vesces, pois gris, et moha de Hongrie; le maïs caragua, le maïs perlé et enfin la luzerne en lignes. Toutes ces cultures ont été faites avec le plus grand soin, ce qui a assuré leur complète réussite.

Mentionnons enfin les cultures de tabac exécutées par la régie.

Toutes les opérations si nombreuses qu'exigent la culture de cette plante ont été exécutées avec une perfection vraiment remarquable ; le résultat a été magnifique, et l'exemple donné ne sera certainement pas perdu.

CHAPITRE X.

§ 1. — Appareils d'évaporation.

Un grand nombre d'industries donnent lieu à des résidus de nature liquide dont il est souvent difficile de se débarrasser. Il y en a qui, par leur composition chimique, sont de nature à empoisonner les cours d'eau. Si on les déverse dans des puits absorbants, ils s'infiltrent dans le sol sans être épurés par lui et empoisonnent au loin les sources et les nappes d'eau souterraines. Les conseils d'hygiène se sont élevés, à plusieurs reprises, contre l'écoulement des résidus de fabriques dans les eaux courantes. Il ne restait donc plus qu'à trouver un moyen économique d'évaporer ces liquides malfaisants, qui permît en même temps de tirer un certain profit de cette opération. M. Porrion, de Wardrecques, a trouvé un procédé qui effectue l'opération au moyen de la chaleur perdue par les cheminées d'usines, la fumée et des gaz chauds; lorsque les produits à retirer ont une grande valeur, on peut, à défaut de chaleur perdue, employer un combustible quelconque.

L'appareil installé à Billancourt par M. Porrion donne une idée exacte de toutes les opérations; il peut évaporer et incinérer journellement 1,600 hectolitres de vinasses de distilleries. Il se compose d'une cheminée, puis d'une vaste chambre dont le fond est occupé, dans toute sa surface, par le liquide à évaporer. Cette chambre est destinée à donner passage aux produits de la combustion de quatre foyers et de huit fours à incinérer qui la précèdent. Elle peut encore recevoir les gaz et les fumées provenant des foyers de générateurs ou de tous autres foyers de l'usine. Elle est traversée par des arbres armés de roues à palettes et animées d'une vitesse suffisante pour que ces palettes projettent jusqu'au sommet de la voûte, en le réduisant en petites gouttelettes très-divisées, le liquide dans lequel elles immergent de quelques millimètres.

Pendant la marche, l'équilibre de température tend à s'établir promptement entre les liquides et les produits de la combustion ; une évaporation rapide est la conséquence de cet échange et les gaz s'échappent par les cheminées saturés d'humidité. Lorsque la vinasse est suffisamment concentrée, elle est introduite dans les fours à incinérer. Elle ne tarde pas à dégager une abondante quantité de gaz, dont on favorise la combustion en laissant arriver dans les fours de l'air frais en quantité convenable. Cette introduction d'air frais a lieu par des orifices réduits et nombreux, afin de faciliter sa diffusion et son mélange. En utilisant de cette manière le calorique et en ajoutant celui fourni par la combustion du salin, on arrive à ne consumer, dans les distilleries bien dirigées, que 5 kilogrammes de charbon pour évaporer et incinérer 100 kilogrammes de vinasse. La fabrication de la potasse de betterave et l'industrie du papier de paille ont déjà tiré des profits de l'application de ce procédé.

Les blanchisseurs des environs de Paris rejettent tous les jours des quantités relativement considérables de lessives insalubres qui vont porter à la Seine de nouveaux éléments d'altération. D'après les essais faits, ces eaux renferment en moyenne, par hectolitre, 6 à 7 kilogrammes de soude valant à Paris 56 francs les 100 kilogrammes. La récolte de ces eaux et leur mise en valeur par le procédé d'évaporation de M. Porrion peuvent donner lieu à une entreprise lucrative.

Peu de liquides, sans doute, présentent autant d'avantages que ceux-là; cependant on pourrait se débarrasser d'une grande quantité d'eaux insalubres en utilisant les chaleurs perdues par les cheminées des usines à gaz, des fours à plâtre, ou de toutes les industries qui s'agglomèrent autour des grandes villes. Il nous suffirait de citer les eaux des gélatineries, les résidus de la distillation du vin, si riches en sels de tartre, les eaux de rouissage du lin et du chanvre, les résidus des fabriques de couleurs, d'aniline, d'outremer, de garance, etc. Il y a dans tout cela les éléments d'une importante industrie dont les résultats seraient lucratifs pour les industriels et utiles à l'hygiène publique.

§ 2. — Appareils pour la tonte des animaux.

La tonte des animaux domestiques est une opération utile au point de vue hygiénique. Par la transpiration, la robe des animaux se charge d'impuretés qui empêchent les fonctions de la peau de s'effectuer régulièrement et donnent même naissance à un grand nombre de parasites. Les pansages répétés peuvent préserver les animaux de ces inconvénients, mais ils sont rarement exécutés dans les fermes d'une manière convenable. C'est à ce point de vue que les appareils inventés pour la tonte des animaux sont vraiment utiles.

Signalons surtout celui de M. de Nabat, qui a déjà la sanction de la pratique. Il a fonctionné sur des chevaux avec succès au concours de Billancourt. La tondeuse Nabat se compose d'un moteur qui comprend une roue, un pignon et un volant. Le pignon fait tourner une chaîne disposée pour résister à la torsion, elle transmet le mouvement de rotation à un second organe qui est l'appareil sécateur. Celui-ci se compose d'un cylindre armé de sept lames en hélice et d'une lame jumelle qui, ensemble, forment les ciseaux; au-dessous de la lame jumelle se trouve un peigne qui relève le poil et protége l'animal contre la coupure. Pour fonctionner, la tondeuse nécessite l'action de deux hommes : l'un met en mouvement le moteur; l'autre promène le cylindre tondeur sur l'animal; il suit toutes les parties du corps, à l'exception du dessous de la ganache et des parties creuses des jambes, qu'on achève avec les ciseaux.

Le travail se fait assez promptement; il faut de trois à cinq heures pour la tonte d'un cheval. L'opération de la tonte, dont l'utilité pour les chevaux est reconnue, ne serait pas moins utile pour les bœufs de travail et pour les bœufs à l'engrais. Des expériences ont démontré que les bœufs tondus gagnent plus en poids que ceux qui ne le sont pas; les bœufs non tondus ont, en effet, la peau chargée de poussière et de parasites qui les tourmentent et les forcent à se gratter incessamment, ce qui est pour eux une cause perpétuelle d'agitation.

Paris. — Imp. Paul Dupont.

www.ingramcontent.com/pod-product-compliance
Ingram Content Group UK Ltd.
Pitfield, Milton Keynes, MK11 3LW, UK
UKHW020953180726
13838UKWH00003B/1298